国家级精品课程教材

AutoCAD 2006 应用教程

刘 苏 陈旭玲 编

科学出版社

北京

内 容 简 介

本书以 Autodesk 公司出版的 AutoCAD 系列软件的最新版本 AutoCAD 2006 为基础，由浅入深地介绍了计算机绘图的基本原理。全书按"AutoCAD 模板→平面图形→零件图→装配图→三维建模→图形输出"这条应用总纲，从 AutoCAD 的基本概念讲起，详细介绍了 AutoCAD 的基本操作技术。本书图文并茂，实例丰富，还配有上机练习指导，使读者能全面了解 AutoCAD 的特性与功能，较快地掌握其使用方法。

本书既可作为高等院校学生学习计算机绘图的教材，也可作为培训和自学 AutoCAD 2006 软件的教材。

图书在版编目（CIP）数据

AutoCAD 2006 应用教程/刘苏，陈旭玲编. —北京：科学出版社，2006
（国家级精品课程教材）

ISBN 978-7-03-017637-0

Ⅰ.A⋯ Ⅱ.① 刘⋯ ② 陈⋯ Ⅲ.计算机辅助设计-应用软件, AutoCAD 2006-高等学校-教材 Ⅳ.TP391.72

中国版本图书馆 CIP 数据核字（2006）第 078366 号

责任编辑：毛 莹 巴建芬 贾瑞娜 / 责任校对：郑金红
责任印制：张克忠 / 封面设计：陈 敬

科 学 出 版 社 出版
北京东黄城根北街 16 号
邮政编码：100717
http://www.sciencep.com
新科印刷有限公司 印刷

科学出版社发行 各地新华书店经销

2006 年 9 月第 一 版 开本：B5(720×1000)
2016 年 1 月第十七次印刷 印张：17 3/4
字数：333 000
定价：35.00 元
（如有印装质量问题，我社负责调换）

前　　言

科学技术的飞速发展，使得计算机在各个领域得到了广泛的应用。计算机绘图作为计算机应用的一个重要分支，在科学研究、电子、机械、建筑、纺织等行业正发挥着越来越重要的作用。

AutoCAD 是计算机辅助设计与绘图的通用软件包，是一个功能极强的绘图软件。自从 1982 年美国 Autodesk 公司首推 R1.0 版的 AutoCAD 软件包以来，经过不断的维护与发展，现又推出 AutoCAD 2006 版，并成为目前广泛流行的通用绘图软件。

编写本书的目的在于让读者能全面地了解 AutoCAD 2006 的特性与功能，尽快掌握它的操作方法。

本书的特色在于：

1. 纲举目张

全书按"AutoCAD 模板→平面图形（圆弧连接、图案、三视图和轴测图）→零件图→装配图→三维建模→由三维模型生成多视图→图形输出和电子打印"这条应用总纲，逐层展开 AutoCAD 2006 的各知识点。章节的编排符合学习规律，全书通俗易懂、循序渐进、便于自学。

2. 简明实用

书中在介绍 AutoCAD 2006 的基本概念与操作技术时，讲解了丰富的应用实例，并备有计算机绘图的上机练习。学习者通过课堂示例和上机练习题，可较快地提高计算机绘图的能力。

下面简要地介绍一下本书的篇章结构：

第 1 章介绍了 AutoCAD 2006 的概貌以及基本概念和术语，还介绍了 AutoCAD 的一些基本操作命令，这些内容贯穿全书，是学习本书的基础。第 2～6 章除了介绍 AutoCAD 2006 的基本操作原理与操作方法外，还介绍了圆弧连接、图案、三视图、轴测图、零件图、装配图和三维立体的绘制方法。通过这部分内容的学习，读者可了解用 AutoCAD 2006 进行计算机绘图的基本方法和过程，从而掌握计算机绘图的技巧，提高绘图效率，该部分为全书的核心。第 7 章对图形新型的输出方式作了详尽的介绍。全书每章中都提供了 AutoCAD 2006 操作的上机练习题。

由于作者水平有限，书中难免存在不妥之处，恳请读者批评指正。

作　者

2006 年 6 月 1 日于南京

目　　录

第 1 章

AutoCAD 2006 入门

学习本章后，你将能够：

◆ 了解 AutoCAD 软件的发展简史

◆ 了解 AutoCAD 2006 的运行环境

◆ 了解 AutoCAD 2006 创建新图形窗口和界面

◆ 了解 AutoCAD 2006 的基本概念

◆ 设置 AutoCAD 2006 的绘图环境

◆ 设置 AutoCAD 2006 的系统环境

◆ 创建 AutoCAD 样板图

1.1 AutoCAD 绘图软件简介

计算机辅助设计（Computer Aided Design, CAD）萌芽于 20 世纪中期，随着计算机硬件技术的发展而迅猛发展。AutoCAD 软件是美国 Autodesk 公司开发的计算机辅助设计绘图软件，它广泛应用于航空、航天、船舶、机械、服装、建筑、电子等行业。在众多基于微机硬件平台的 CAD 软件中，AutoCAD 作为 Autodesk 公司的旗舰产品，已经具有全世界 18 种语言的相应版本，拥有数以百万计的用户群体，占据着 CAD 应用领域的主导地位。

AutoCAD R1.0 于 1982 年在美国首先推出，在其后的十几年中，Autodesk 公司又相继推出其更新升级版本，从 AutoCAD R1.0 至 AutoCAD R14.0（1997 年）共有 15 个版本，AutoCAD R14.0 分别提供了基于 DOS 和 Windows 的版本，这也是 DOS 环境下的最高版本。

AutoCAD 2006 是 Autodesk 公司在 2005 年推出的 AutoCAD 系列软件的最新版本。和旧版本的 AutoCAD 相比，AutoCAD 2006 主要附带了一些新增功能和增强功能，可以帮助用户更快地创建设计数据，更轻松地共享设计数据，更有效地管理软件。如：

1) 增加了动态图块的操作。
2) 对用户界面进行了很大的改进，让用户能更简单地与软件交互。
3) 用户可使用多种 AutoCAD 对象来注释图形。
4) 可以让用户更有效地创建图案填充。
5) 增强了绘图和编辑功能。

总之，AutoCAD 2006 是一个一体化的、功能丰富的、面向未来的、世界领先的设计绘图软件，可以将用户与设计信息、用户与设计群体、用户和整个世界紧密地联系在一起。为用户提供了一个优秀的二维和三维设计环境及绘图工具，能显著提高用户的设计效率，充分发挥用户的创造能力，帮助用户把构思转化为现实。

1.2 AutoCAD 2006 的运行环境

安装和运行 AutoCAD 2006 的建议配置为：
1) 操作系统：Windows NT 4.0、Windows 98/2000/XP。
2) CPU：Pentium III 或更高 800 MHz 芯片。
3) 内存：512MB（推荐）。
4) 硬盘：典型安装 500MB。
5) 显示器：64MB 显存、1024×768 VGA。

　6) 定点设备：鼠标、轨迹球或其他设备。

　7) CD-ROM：4 倍速以上。

　8) 可选硬件：OpenGL 兼容的三维视频卡；

　　　　　　　打印机或绘图仪；

　　　　　　　数字化仪；

　　　　　　　Modem 或其他访问 Internet 的连接设备；

　　　　　　　网络接口卡。

　9) Web 浏览器：Microsoft Internet Explorer 6.0 或更新版本。

AutoCAD 2006 启动时有较多的动态链接库需要装入，高性能的 CPU 和较多的内存会改善系统运行的性能。若要处理较大的文档，应配置较大的硬盘空间。

1.3　AutoCAD 2006 的基本概念

本节将介绍 AutoCAD 的基本概念与基本术语，还要介绍 AutoCAD 的有关命令输入、数据输入等最基本的操作方法。

1.3.1　基本概念与术语

1. 图形文件（DWG）

用 AutoCAD 命令在屏幕上生成的所有图形将以图形文件进行存取，扩展名为 DWG。它是一种描述图形映像的信息文件。

2. 图形对象

AutoCAD 提供了许多绘图命令，每条绘图命令绘制一种基本图形元素，这些基本图形元素也叫图形对象。直线命令生成一个直线对象，矩形命令生成一个矩形对象，而不是互相垂直的四个直线对象。这些对象是组成一张图的最基本的元素。AutoCAD 提供的编辑命令，其操作对象也是这些图形对象。在纸上手工绘图，这些图是静止的，而 AutoCAD 里的图形对象是动态的，操纵对象上的夹点，可移动、旋转、拉压它们。

3. 世界坐标系和用户坐标系

AutoCAD 使用的是右手笛卡儿坐标系，系统有个固定的世界坐标系 WCS (world coordinate system)。用户根据绘图需要，可在 WCS 中定义任意原点、任意方向的右手笛卡儿坐标系，由用户定义的坐标系称为用户坐标系 UCS (user coordinate system)。显然，WCS 只有一个，UCS 可以定义多个，但绘图编辑时只有一个坐标系为当前坐标系，所有坐标点的输入和显示都相对于当前坐标系系统。

引入用户坐标系的目的是为了方便作图。例如，要在一个斜面上画一个圆，圆心在斜面上的定位尺寸已给出。若在 WCS 中绘制该圆，圆心坐标要经过相应的换算才能得出，并且该圆是三维的，若在斜面上定义一个用户坐标系，使 UCS 的 XOY 平面与斜面重合，见图 1-1，画圆的三维作图就转换成简单的二维作图。

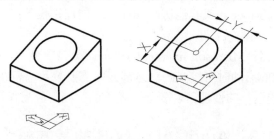

图 1-1　世界坐标系 WCS 和用户坐标系 UCS

坐标点输入时，随着绘图光标的移动，状态行上会显示点在当前坐标系中的坐标值。

4. 图形单位

一个图形单位的实际长度不是定值，在屏幕上它受图形界限命令所设范围大小的影响。在绘图输出时，它受打印机及绘图仪的输出单位及输出比例的影响。假如绘图仪的输出单位为毫米，输出比例为 1∶1，则一个屏幕单位在图纸上的实际输出长度为 1 毫米。用图形界限命令设定图纸大小时无尺寸限定，用户可按实物 1∶1 画图，免受手工绘图时实物与图比例不一致的尺寸换算烦恼。

5. 图形缩放

用户按实物尺寸 1∶1 画图，当实物很大时，图纸也很大，全图显示在屏幕上，图形小而挤，看不清也不便于对某个图形元素进行操作。AutoCAD 提供了图形缩放命令，该命令的功能就像一个照相机的镜头，可将图纸上的某部分放大到全屏作图，也可将全图恢复到满屏显示。屏幕上图形两点间的显示距离随命令的缩放而改变，而图形两点间的图形单位是定值。这为用户 1∶1 绘图提供了技术上的保证。

6. 图形的绘图界限

图形的绘图界限可理解为图纸界限。用户可自行设定每次绘图的边界（图幅）。

7. 图块

AutoCAD 中绘图与编辑的对象为图形元素，若将几个图形元素定义成一个图块，它们就组成一个整体，对图块进行操作就像对单一图形元素进行操作一样，可提高作图效率。

8. 图层

图层是 AutoCAD 绘图的一大特色，用户可为准备绘制的图形设定几个图层，每一图层有特定的颜色、线型和线宽，在不同层上所绘的图形元素就带有该层的颜色、线型和线宽属性。这些图层具有同一坐标原点，同一图纸边界，同一缩放比例，像精确地重叠在一起的不同色彩的透明胶片。若要绘制一张有不同线型、不同线宽、不同颜色的图纸，使用图层可绘制出高质量、高效率的图。

1.3.2　基本操作方法

众所周知，世界上有许许多多软件厂商开发出了形形色色、功能各异的应用软件，但它们都有一个重要的共同点，那就是软件基本界面的一致性。一旦掌握了这些最基本的操作技术，在其他各应用软件上也可得心应手地进行操作。

1. 键盘操作

在命令提示区域，可直接使用键盘输入命令、数据及相应信息，可用［Backspace］键进行修改，输入正确后按回车键。

在对话框的文本框里，可直接敲键盘输入文字。利用［Tab］键在对话框的选项之间顺序切换，而使用［Shift+Tab］键可使对话框的选项以相反的顺序切换。激活的选项标记一虚线框。

2. 鼠标器操作

AutoCAD 在输入状态时，鼠标形象为十字光标。在选择编辑目标时，鼠标形象为一小矩形框。在 AutoCAD 2006 中，这两种状态下，鼠标的右下方都会带一个小矩形，显示操作的提示信息，方便用户使用。

最基本的鼠标操作方式有以下几种：

1) 单击左按钮：用于选择某个菜单项、按钮、命令图标或绘图编辑区的某个目标。

2) 双击左按钮：相当于在对话框中，单击某一选项，再按［确定］。

3) 单击右按钮：用于结束命令操作或弹出快捷菜单，若按住［Shift］键，同时单击鼠标右按钮，会引出一弹出式菜单。

4) 拖曳：先单击某对象，然后按住左按钮，移动鼠标，最后在另一处释放按钮。常用于列表框的滚动条操作、滑动式按钮或屏幕上构造目标选择集的操作。

3. 命令输入方式

AutoCAD 通过接受命令进行绘图，AutoCAD 有四种命令输入方式：

(1) 命令行输入

AutoCAD 的所有命令都可以通过命令行输入。当屏幕命令提示区出现"命令："时，就可以通过键盘在命令行输入 AutoCAD 命令，然后按回车键即可。

若要绘制一条直线，命令提示区显示如下：

命令：LINE ✓　　　　　　(输入直线命令)
指定第一点：

系统对用户输入的直线命令用"指定第一点："响应，即执行该直线命令还需要输入端点坐标等数据信息。

若要画圆，键入如下命令：

命令：CIRCLE ✓　　　　(输入画圆命令)
指定圆的圆心或 [三点(3P)/两点(2P)/相切、相切、半径(T)]：

此时，系统提示用户输入圆的圆心，这是响应画圆的缺省输入方法。方括号中给出了若干选项，用户可根据需要选择其中的一项来响应该命令提示。选择某一项只需键入该选项中的大写字母，AutoCAD 就可识别用户所选择的项。例如，此时输入 3P 则选择用三点绘圆的方法。

有时命令行提示中出现一对尖括号，该尖括号里的选项为系统缺省值。用户若选该项，只需直接键入回车即可。

如果 AutoCAD 不在命令状态下，可按[Esc]键，使屏幕恢复"命令："提示，此时就可以接受一个有效的命令了。

如果命令名输入有错误，则系统显示出错误信息，这时可用[Esc]键使该命令作废。

在执行了一个有效命令的操作后，接着在"命令："提示符后，直接按回车键，系统将重复执行该命令。

(2) 下拉菜单输入

AutoCAD 的常用命令一般可以通过下拉菜单输入。用户在下拉菜单中选择某一菜单项，即可调用和该菜单相关的 AutoCAD 命令。

若要输入直线命令，先将鼠标指向菜单栏，选择"绘图"选项，即出现绘图下拉菜单，选择"直线"选项即可。其选择路径为：

菜单：绘图 → 直线

(3) 工具栏输入

AutoCAD 提供了大量的工具栏，单击工具栏上的命令图标就可以调用相应的 AutoCAD 命令。熟练使用工具栏输入，可以提高绘图效率。

若要输入直线命令，单击绘图工具栏中的 ╱ 图标即可。

(4) 快捷菜单输入

AutoCAD 2006 中一部分最常用的命令可以通过快捷菜单方式输入。在窗口中单击鼠标右键即弹出快捷菜单，用户可从中快速选择一些与当前操作相关的选项。每次打开的快捷菜单其内容有可能不同，它依赖于当前参照环境和光标位置等因素。

4. 坐标点输入方式

当命令提示区提示需要输入某个点的坐标时，可用鼠标左键单击屏幕上某点，AutoCAD 即接受了该点的坐标。

点的坐标也可键盘输入，有四种输入方式：

(1) 动态输入

启用"动态输入"时，如图 1-2 所示，绘制矩形时工具栏提示将在光标附近显示信息，该信息会随着光标移动而动态更新。当某条命令为活动时，工具栏提示将为用户提供输入的位置。

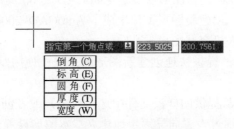

图 1-2　动态输入窗口

(2) 绝对坐标

"10，45"　　表示该点的 x 坐标为 10，y 坐标为 45，该方式用于禁用动态输入的情况。

"＃10，45"　表示该点的 x 坐标为 10，y 坐标为 45，该方式用于采用动态输入的情况。

(3) 相对坐标

"@60，–32"　表示该点与前一点的 x 坐标差为 60，y 坐标差为–32。

(4) 相对坐标

"@100<30"　　表示该点到前一点的距离为 100 个屏幕单位，前一点与该点连线与 X 轴的正向夹角为 30°（逆时针）。

1.4　AutoCAD 2006 的操作界面

单击 AutoCAD 2006 程序项或双击桌面上的 AutoCAD 2006 快捷图标，即可启动 AutoCAD 2006，系统将弹出如图 1-3 所示的 AutoCAD 2006 创建新图形窗口。

图 1-3　AutoCAD 2006 创建新图形窗口

1.4.1　AutoCAD 2006 创建新图形窗口

AutoCAD 2006 创建新图形窗口是 AutoCAD 2006 继承以往版本的启动窗口并加以改进的界面。创建新图形窗口集成了 AutoCAD 2006 创建图形、打开图形文件等基本操作的人机交互窗口，其中：

1) 从草图开始：提供快速创建新图形的方法，使用默认图形样板文件中的设置。

2) 使用样本：从提供的样板文件中选择一个，或者创建自定义样板文件。

3) 使用向导：通过设置向导逐步地建立基本图形设置。包括高级设置和快速设置。

1.4.2　AutoCAD 2006 绘图界面

AutoCAD 2006 绘图界面如图 1-4 所示，它由标题栏、菜单栏、工具栏、绘图窗口、命令窗口、状态栏、标签页以及滚动条等组成。

AutoCAD 的标题栏同其他标准的 Windows 应用程序界面一样，包括控制图标以及窗口的最大化、最小化和关闭按钮，并显示应用程序名和当前图形文件名。

AutoCAD 的菜单是调用命令的一种方式。菜单栏以级联的层次结构来组织各个菜单项，并以下拉的形式逐级显示。

绘图窗口是 AutoCAD 中绘制、编辑图形的主要区域。在 AutoCAD 中创建新图形文件或打开已有的图形文件时，都会产生相应的绘图窗口来显示和编辑其内容。由于从 AutoCAD 2000 版开始支持多文档，因此在 AutoCAD 中可以有多个图形窗口。

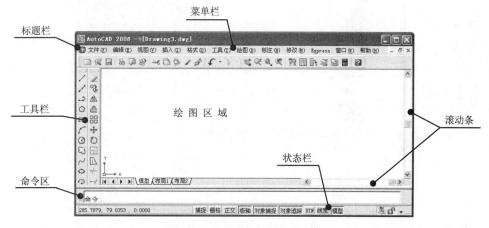

图 1-4　AutoCAD 2006 绘图界面

由于在绘图窗口中往往只能看到图形的局部内容，因此绘图窗口中都包括有垂直滚动条和水平滚动条，用来改变观察位置。

此外，绘图窗口的下部还包括有一个模型选项卡和多个布局选项卡，分别用于显示图形的模型空间和图纸空间。

在执行 AutoCAD 命令的过程中，用户与 AutoCAD 之间主要是通过命令提示窗口、动态输入框和对话框来进行人机交互的。命令窗口是用户通过键盘输入命令进行操作的界面。无论键盘命令操作还是其他操作方式，只要是没有对话框出现，一般都会在命令窗口有下一步操作提示。使用 F2 键切换可打开或关闭保存有 AutoCAD 命令和提示历史记录的文本窗口。

在 AutoCAD 2006 工作界面最下方的是状态栏。状态栏的左侧可以显示当前光标所在位置的坐标等信息内容。状态栏右侧有一系列设置开关，如正交开关、栅格显示开关、栅格捕捉开关、对象捕捉开关等。这些设置开关是 AutoCAD 最常用也是最基础的设置选项。

AutoCAD 2006 为用户提供了 30 个工具栏，缺省状况下只打开 6 个工具栏。

(1) 打开或关闭工具栏

在图标的周围或工具栏空白处单击右键，在弹出的快捷菜单上选"自定义…"，系统打开如图 1-5 所示的自定义用户界面对话框。

自定义用户界面对话框有助于用户轻松创建和修改工具栏和菜单等自定义的内容，从而调整图形环境使其满足用户的需求。

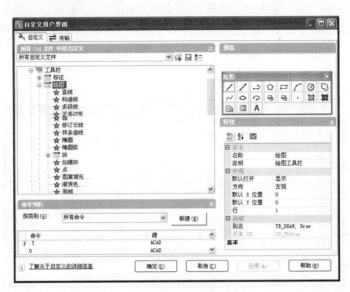

图 1-5   自定义用户界面对话框

右键单击任何工具栏，然后单击快捷菜单上的某个工具栏，可以完成打开或关闭该工具栏的操作。

(2) 浮动或固定工具栏

浮动工具栏定位在 AutoCAD 窗口绘图区域的任意位置，可以将其拖到新位置、调整其大小或将其固定。固定工具栏附着在绘图区域的任意边上。

注释：

　　在 AutoCAD 主窗口中，除了标题栏、菜单栏和状态栏之外，其他各个组成部分都可以根据用户的喜好来任意改变其位置和形状。

1.4.3 AutoCAD 2006 绘图环境的设置

当使用 AutoCAD 创建一个图形文件时，通常需要先进行绘图单位、角度正向、图纸幅面等绘图环境的设置。系统在 AutoCAD 2006 创建新图形窗口的创建图形选项卡中提供了如下三种绘图环境的设置方式（图 1-6）：

1) 从草图开始。

2) 使用样板。

3) 使用向导。

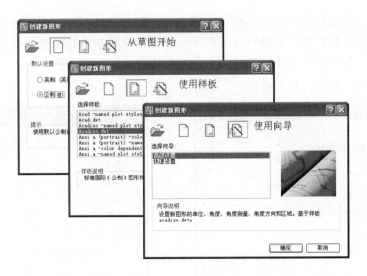

图 1-6　创建新图方式

样板图是一种包含有特定图形设置的图形文件(扩展名为"DWT"), AutoCAD
风格多样的样板文件都保存在 AutoCAD 主文件夹的 Template 子文件夹中。通常
在样板文件中的设置包括:

1) 单位类型、单位精度和角度正方向。

2) 图纸幅面。

3) 捕捉、栅格和正交设置。

4) 线型、线宽、颜色等图层组织。

5) 标题栏和边框。

6) 尺寸标注样式和文字样式。

　　使用样板创建的新图形,继承了样板中的所有设置,这样不仅避免了大量的
重复设置工作,而且也可以保证同一项目中的所有图形文件具有统一格式。

　　用户也可以创建自定义样板文件,任何现有图形都可作为样板。

　　如果用户使用缺省设置创建图形,则通常使用以英寸为单位的英制 acad.dwt
样板文件或以毫米为单位的公制 acadiso.dwt 样板文件。

1.4.4　AutoCAD 2006 绘图环境的更改

对于一个已有的图形文件,用户可根据需要来改变其绘图环境的设置。

1. 单位和角度格式的更改

菜单: 格式→单位…

系统将弹出图形单位对话框，如图 1-7 所示。

用户可选择长度单位类型及其精度；选择角度类型及其精度，以及选择角度的正方向。用户可以单击［方向...］按钮弹出方向控制对话框，进一步确定角度的起始方向，如图 1-8 所示。

图 1-7　图形单位对话框　　　　　　　　　图 1-8　方向控制对话框

2. 图形界限的更改

菜单：格式 → 图形界限

命令：'_limits
重新设置模型空间界限：
指定左下角点或 [开(ON)/关(OFF)] <0.0000,0.0000>：
指定右上角点 <420.0000,297.0000>：

其中：

1) 开：打开界限检查。此时 AutoCAD 将检测输入点，并拒绝接受图形界限外部的坐标点。

2) 关：关闭界限检查，AutoCAD 将不再对输入点进行边界检测。

> **注释：**
> AutoCAD 的界限检查只针对输入点。在打开界限检查后，创建的图形对象仍有可能导致图形对象的某部分绘制在图形界限之外。例如，在图形界限内部指定圆心，如果半径很大，则有可能部分圆弧将绘制在图形界限之外。

1.5　AutoCAD 2006 系统环境设置

AutoCAD 中提供了选项对话框，供用户对 AutoCAD 系统进行各种设置，以满足不同用户的需求和习惯。该命令的调用方式很多，最常用的调用方式为：在不运行任何命令也不选定任何对象时，在绘图区域单击右键弹出快捷菜单，选择"选项..."，系统将弹出选项对话框，见图 1-9。

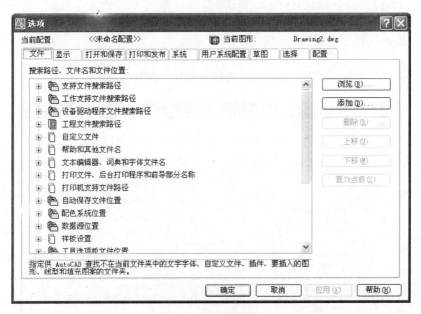

图 1-9　选项对话框

该对话框由多个选项卡组成，分别用来进行相应的系统设置，下面针对常用的一些设置分别进行介绍。

1.5.1　文件选项卡

文件选项卡列出程序在其中搜索支持文件、驱动程序文件、菜单文件和其他文件的文件夹，还列出了用户定义的可选设置，如图 1-9 所示。

选项卡中的列表以树状结构显示了 AutoCAD 系统所使用的目录和文件，其中主要项目的说明如下：

1) 指定字体文件、菜单文件、线型文件、填充图案文件等其他文件的搜索路径。

2) 指定 AutoCAD 用来搜索系统特有的支持文件的活动目录。

3) 指定 AutoCAD 用于搜索视频显示、鼠标、打印机和绘图仪等设备驱动程序的路径。

4) 指定工程文件搜索路径及工程名。

5) 指定菜单文件、帮助文件、系统配置文件等其他文件和 Autodesk 网址的位置及名称。

6) 指定文字编辑器、词典和字体文件名称或路径。

7) 指定在打开和保存选项卡中设置的自动保存选项所创建文件的路径。

8) 指定启动向导使用样板文件的路径。

1.5.2　显示选项卡

显示选项卡用于设置 AutoCAD 的显示情况，如图 1-10 所示。

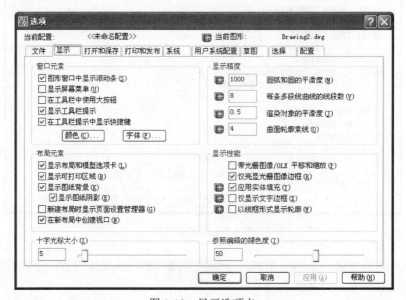

图 1-10　显示选项卡

其中较为重要的设置如下：

1. 窗口元素

1) 图形窗口中显示滚动条：指定是否在绘图区域的底部和右侧显示滚动条。

2) 显示屏幕菜单：指定是否在绘图区域的右侧显示屏幕菜单。

3) 在工具栏中使用大图标：以 32×30 像素的更大格式显示图标，默认的显示尺寸为 15×16 像素。

4) 显示工具栏提示：当光标移动到工具栏的按钮上时，显示工具栏提示。

5) 在工具栏提示中显示快捷键：当光标移动到工具栏的按钮上时，显示快捷键。

　　6) [颜色...]按钮：指定 AutoCAD 窗口中各元素的颜色。

　　7) [字体...]按钮：指定命令行文字的字体。

　　2. 布局元素

　　1) 指定是否在绘图区域的底部显示布局和模型选项卡。

　　2) 指定是否显示可打印区域。

　　3) 指定是否显示图纸背景。

　　4) 指定是否在创建新布局时显示页面设置对话框。

　　5) 指定在创建新布局时是否创建视口。

　　3. 显示精度

　　圆弧和圆的平滑度：设置圆、圆弧和椭圆对象在屏幕上显示的平滑度（有效值为 1～20 000，缺省为 1000）。该值越高，对象越平滑，但执行重生成等命令所需要的时间也越长。

　　4. 显示性能

　　1) 应用实体填充：绘制圆环等对象时是否实体填充。

　　2) 仅显示文字边框：以文字对象的边框代替文字显示，提高再生速度。

　　3) 以线框形式显示轮廓：将三维实体对象的轮廓曲线显示为线框。

　　5. 十字光标大小

　　控制十字光标的大小，有效值的范围从全屏幕的 1%～100%。在设定为 100% 时，看不到十字光标的末端。当尺寸减为 99% 或更小时，十字光标才有有限的尺寸，缺省尺寸为 5%。

1.5.3　打开和保存选项卡

　　打开和保存选项卡用于设置 AutoCAD 中打开和保存文件的相关选项，如图 1-11 所示。

　　其中较为重要的设置如下：

　　1. 文件保存

　　另存为：指定为使用保存或另存为命令保存文件时使用的有效文件格式。其中的 AutoCAD 2004 是 AutoCAD 2004 版、AutoCAD 2005 版和 AutoCAD 2006 版使用的图形文件格式。

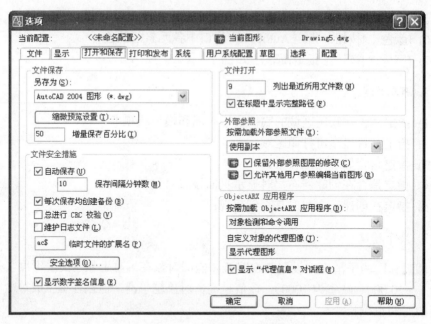

图 1-11　打开和保存选项卡

2. 文件安全措施

1) 自动保存：以指定的时间间隔自动保存图形。
2) 每次保存均创建备份：指定在保存图形时是否创建图形的备份副本。
3) 维护日志文件：指定是否将文本窗口的内容写入日志文件。

3. 文件打开

1) 列出最近所用文件数目：指定文件菜单中所列出的最近使用过的文件数目，有效值为 0～9，缺省为 9。
2) 在标题中显示完整路径：最大化图形后，在图形的标题栏或应用程序窗口的标题栏中显示活动图形的完整路径。

4. 外部参照

允许其他用户参照编辑当前图形：如果当前图形被另一个或多个图形引用，决定是否可以在位编辑当前图形。

1.5.4　打印和发布选项卡

打印和发布选项卡用于控制 AutoCAD 与打印和发布相关的选项，如图 1-12 所示。

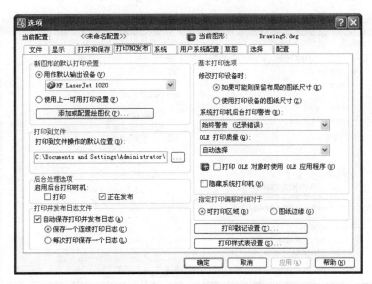

图 1-12　打印和发布选项卡

其中较为重要的设置如下：

1. 基本打印选项

1) 如果可能则保留布局的图纸尺寸：只要选定的输出设备支持页面设置对话框的布局设置选项卡中指定的图纸尺寸，就使用该图纸尺寸。

2) 使用打印设备的图纸尺寸：使用在打印机配置文件（PC3）或缺省系统设置中指定的图纸尺寸。

3) OLE 打印质量：确定打印 OLE 对象的质量。

2. 新图形的缺省打印样式

设置与图形打印相关的选项。

1.5.5　系统选项卡

系统选项卡用于设置 AutoCAD 的系统设置，如图 1-13 所示。

其中较为重要的设置如下：

1. 布局重生成选项

1) 切换布局时重生成：每次切换布局选项卡都会重生成图形。

2) 缓存模型选项卡和上一个布局：对于当前的模型选项卡和上一个布局选项卡，显示列表保存到内存，并且在两个选项卡之间切换时禁止重生成。对于其他

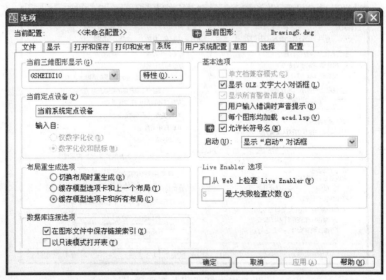

图 1-13　系统选项卡

布局选项卡,切换到它们时仍然重生成。

3) 缓存模型选项卡和所有布局:第一次切换到每个选项卡时重生成图形。对于绘图任务中的其余选项卡,显示列表保存到内存,切换到这些选项卡时禁止重生成。

2. 基本选项

1) 单文档兼容模式:限制程序每次打开一个图形。如果清除此选项,则可以一次打开多个图形。如果打开多个图形,则不能打开此选项,直到关闭其他图形为止。

2) 显示 OLE 文字大小对话框:将 OLE 对象插入图形时,显示 "OLE 文字大小" 对话框。

3) 显示所有警告信息:显示所有带有警告选项的对话框。

4) 用户输入错误时声音提示:在检测到无效输入时是否发出蜂鸣声警告。

5) 每个图形均加载 acad.lsp:是否将 acad.lsp 文件加载到每个图形。

6) 允许长符号名:是否允许使用长符号名。

7) 启动:控制启动本程序或创建新图形时,是显示 "启动" 对话框还是不显示任何对话框。

1.5.6　用户系统配置选项卡

用户系统配置选项卡用于设置 AutoCAD 中控制优化工作方式的选项,如图 1-14 所示。

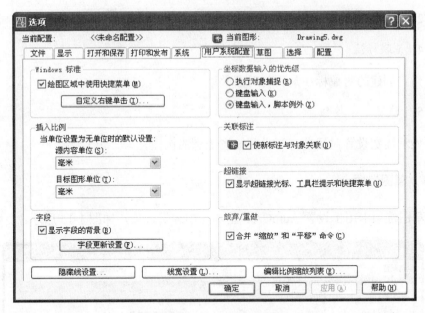

图 1-14　用户系统配置选项卡

其中较为重要的设置如下：

1. Windows 标准

1) 绘图区域中使用快捷菜单：单击定点设备的右键时，在绘图区域显示快捷菜单。如果清除此选项，则单击鼠标右键将被解释为按［Enter］键。

2) ［自定义右键单击…］按钮：显示"自定义右键单击"对话框，此对话框可以进一步定义"绘图区域中使用快捷菜单"选项。

2. 插入比例

控制在图形中插入块和图形时使用的默认比例。

1) 源内容单位：设置插入到当前图形中的对象在没有指定插入单位时，自动使用哪个单位。

2) 目标图形单位：设置当没有指定插入单位时，在当前图形中自动使用哪个单位。

3. 字段

设置与字段相关的系统配置。

1) 显示字段的背景：用浅灰色背景显示字段，打印时不会打印背景色。 清除此选项时，字段将以与文字相同的背景显示。

2) 字段更新设置：显示"字段更新设置"对话框。

4. 关联标注

指定创建的对象标注是否与对象关联。

5. [线宽…] 按钮

显示线宽设置对话框，可设置缺省线宽的属性。

1.5.7　草图选项卡

草图选项卡用于设置 AutoCAD 基本绘图编辑选项，如图 1-15 所示。

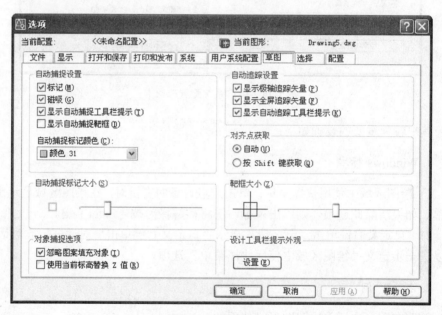

图 1-15　草图选项卡

其中较为重要的设置如下：

1. 自动捕捉设置

1) 标记：控制自动捕捉标记的显示。
2) 磁吸：打开或关闭自动捕捉磁吸。
3) 显示自动捕捉工具栏提示：控制自动捕捉工具栏提示的显示。
4) 显示自动捕捉靶框：控制自动捕捉靶框的显示。
5) 自动捕捉标记颜色：指定自动捕捉标记的颜色。

2. 自动捕捉标记大小

设置自动捕捉标记的大小，取值范围为 1～20 像素。

3. 对象捕捉选项

1) 忽略图案填充对象：指定在打开对象捕捉时，对象捕捉忽略填充图案。
2) 使用当前标高替换 Z 值：指定对象捕捉忽略对象捕捉位置的 Z 值，并使用为当前 UCS 设置的标高的 Z 值。

4. 自动追踪设置

1) 打开或关闭极轴追踪功能。
2) 控制追踪矢量的显示。
3) 控制自动追踪工具栏提示的显示。

5. 对齐点获取

1) 自动：当靶框移到对象捕捉上时，自动显示追踪矢量。
2) 用[Shift]获取：当按[Shift]并将靶框移到对象捕捉上时，显示追踪矢量。

6. 靶框大小

设置自动捕捉靶框的大小，取值范围为 1～50 像素。

7. 设计工具栏提示外观

控制绘图工具栏提示的颜色、大小和透明度。

1.5.8　选择选项卡

选择选项卡用于设置选择图形对象的方法，如图 1-16 所示。
其中较为重要的设置如下：

1. 拾取框大小

控制拾取框的显示尺寸。拾取框是在编辑命令中出现的对象选择工具。

2. 选择预览

当拾取框光标滚动过对象时，亮显对象。
1) 命令处于活动状态时：仅当某个命令处于活动状态并显示 "选择对象" 提示时，才会显示选择预览。

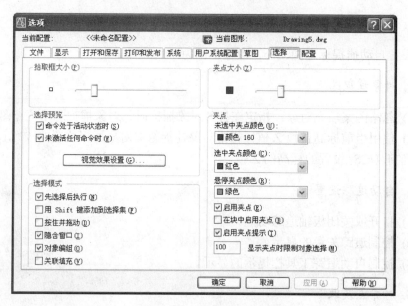

图 1-16　选择选项卡

2) 未激活任何命令时：即使未激活任何命令，也可显示选择预览。

3) 视觉效果设置：显示"视觉效果设置"对话框。

3. 选择模式

控制与对象选择方法相关的设置。

1) 先选择后执行：允许在启动命令之前先选择对象，再做编辑操作。

2) 用［Shift］键添加到选择集：按住［Shift］键并选择对象，可向选择集中添加或从选择集中删除对象。

3) 按住并拖动：选择一点，然后按住鼠标左键拖动至第二点释放来建立窗口。如果未选择此选项，则用鼠标单击两个点建立选择窗口。

4) 隐含窗口：可用选择窗方式选择图形。从左到右地建立窗口可选择窗口边界内的对象。从右到左地建立选择窗口可选择窗口边界内和与边界相交的对象。

5) 对象编组：选择编组中的一个对象就选择了编组中的所有对象。

6) 关联填充：是否选择关联图案填充时也同时选定边界对象。

4. 夹点大小

控制夹点的显示尺寸。

5. 夹点

控制与夹点相关的设置。在对象被选中后，其上将显示夹点，即一些小方块。

1) 未选中夹点颜色：确定未选中的夹点的颜色。如果从颜色列表中选择"选择颜色"，将显示"选择颜色"对话框。未选中的夹点将显示为一个小实心方块。

2) 选中夹点颜色：确定选中的夹点的颜色。如果从颜色列表中选择"选择颜色"，将显示"选择颜色"对话框。选中的夹点将显示为一个小实心方块。

3) 悬停夹点颜色：决定光标在夹点上滚动时夹点显示的颜色。如果从颜色列表中选择"选择颜色"，将显示"选择颜色"对话框。

4) 启用夹点：选择对象时在对象上显示夹点。通过选择夹点和使用快捷菜单，可以用夹点来编辑对象。在图形中显示夹点会明显降低性能。清除此选项可优化性能。

5) 在块中启用夹点：控制在选中块后如何在块上显示夹点。如果选择此选项，将显示块中每个对象的所有夹点。如果清除此选项，将在块的插入点处显示一个夹点。通过选择夹点和使用快捷菜单，可以用夹点来编辑对象。

6) 启用夹点提示：当光标悬停在支持夹点提示的自定义对象的夹点上时，显示夹点的特定提示。此选项对标准对象上无效。

7) 显示夹点时限制对象选择：当初始选择集包括多于指定数目的对象时，抑制夹点的显示。有效值的范围从 1～32 767。默认设置是 100。

1.5.9　配置选项卡

配置选项卡用于控制配置的使用，配置包含了特定的系统设置信息，如图 1-17 所示。

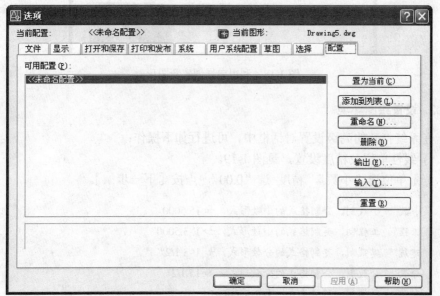

图 1-17　配置选项卡

其主要操作如下：

1) 显示全部可用的配置。

2) 将选定的配置设为当前配置。

3) 修改选定配置的名称和说明。

4) 删除选定的配置，但不能删除当前配置。

5) 将配置以文件的形式保存起来（扩展名为".arg"）。

6) 输入已有的配置文件（扩展名为".arg"）。

7) 将选定配置中的值重置为系统缺省设置。

1.6　创建个人用的样板文件

本例将使用向导创建一个含个人信息的 A3 图幅的样板图。本例要点为绘图环境的设置，简单图形的绘制以及图形文件的基本操作。

step1. 使用向导创建图形

启动 AutoCAD 2006 系统，在创建新图形对话框中选择使用向导开始，选择高级设置，见图 1-18。

图 1-18　利用向导创建新图形

step2. 设置绘图环境

在系统打开的高级设置对话框中，可进行如下操作：

1) 线性单位及精度设置，见图 1-19。

测量单位选"小数"，精度 选"0.00"，点按［下一步…］。

小数　　小数制，公制格式的小数形式，如 15.5000

工程　　工程制，英制格式的小数形式，如 1'-3.5000"

建筑　　建筑制，英制格式的分数形式，如 1'-3 1/2"

分数　　分数制，公制格式的分数形式，如 15 1/2

科学　　科学制，科学格式，如 1.5500E+01

2) 角度单位及精度设置，见图 1-20。

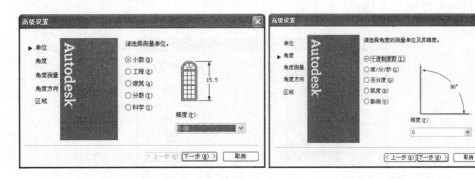

图 1-19　线性设置　　　　　　　　　　　图 1-20　角度设置

在系统打开的角度设置对话框中，角度测量单位选"十进制度数"，精度选"0"，点按［下一步…］。

十进制度数　　十进制数格式，如 45°。

度/分/秒　　　度/分/秒格式，用 d 表示度，用'表示分，用"表示秒，如 45d0'0"。

百分度　　　　百分度格式，以 g 为后缀，如 90g。

弧度　　　　　弧度格式，以 r 为后缀，如 0.7854r。

勘测　　　　　勘测格式，以方位形式显示角度：N 表示正北，S 表示正南，E 表示偏向东，W 表示偏向西，偏角的大小用度/分/秒表示，例如：N45d0'0"E。

3) 角度测量起始方向（0°方向）设置，如图 1-21 所示。

角度测量选"东"，点按［下一步…］。

选择"其他"按钮激活文本编辑框，可输入任一角度值作为测量的起始角度。

4) 角度正方向设置，如图 1-22 所示。

角度方向选"逆时针"，点按［下一步…］。

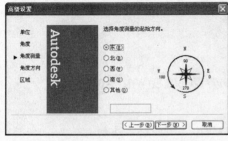

图 1-21　零角度方向设置　　　　　　　　图 1-22　角度正向设置

5) 图纸幅面设置，如图 1-23 所示。

区域宽度输入"420"，长度输"297"，点按 [完成]。

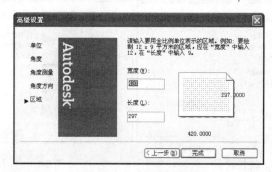

图 1-23　图纸幅面设置

step3. 画图框与标题栏

1) 画图纸边框，见图 1-24。

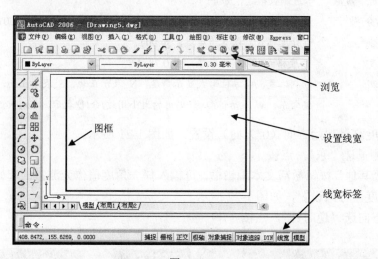

图 1-24

单击绘图工具栏的 □，系统提示：

指定第一个角点或 [倒角(C)/标高(E)/圆角(F)/厚度(T)/宽度(W)]：＃0,0∠

指定另一个角点或 [尺寸(D)]：＃420,297∠

2) 单击缩放工具栏的 ⊕，将全图显示在屏幕上。

3) 画 A3 图纸的图框（左边距 25，上、下、右边距各为 5）。

单击绘图工具栏的 □，系统提示：

指定第一个角点或 [倒角(C)/标高(E)/圆角(F)/厚度(T)/宽度(W)]：#25,5✓

指定另一个角点或 [尺寸(D)]：#415,292✓

4) 给图框指定线宽。

单击图框矩形，在对象特性工具栏线宽控件的下拉列表中选线宽 0.30。

打开状态栏的"线宽"标签，可看到图框已显示为粗实线。

5) 观看全图。

使用缩放工具 　　　　　浏览观察全图，如图 1-24 所示。

6) 设置新坐标系的原点。

单击 UCS 工具栏的原点 UCS 图标 ⌞，系统提示：

指定新原点 <0,0,0>：285,5✓

7) 画学生用的简化标题栏，见图 1-25。

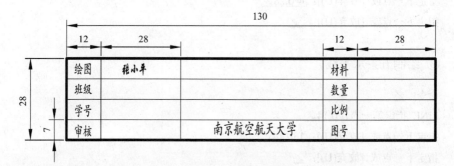

图 1-25　简化标题栏

① 绘制标题栏边框。

单击绘图工具栏的直线图标 ／，系统提示：

指定第一点：0,0✓

指定下一点或 [放弃(U)]：@0,28✓

指定下一点或 [放弃(U)]：@130,0✓

指定下一点或 [闭合(C)/放弃(U)]：✓

单击窗口缩放工具 ⌕，将标题栏区域放大，进一步绘制里面的格子。

② 绘制四条竖直线。

单击绘图工具栏的 ✐，系统提示：

指定第一点：<u>12,0</u>↙

指定下一点或 [放弃(U)]：<u>@0,28</u>↙

指定下一点或 [放弃(U)]：↙

命令：↙

LINE 指定第一点：<u>40,0</u>↙

指定下一点或 [放弃(U)]：<u>@0,28</u>↙

指定下一点或 [放弃(U)]：↙

命令：↙

LINE 指定第一点：<u>102,0</u>↙

指定下一点或 [放弃(U)]：<u>@0,28</u>↙

指定下一点或 [放弃(U)]：↙

命令：↙

LINE 指定第一点：<u>90,0</u>↙

指定下一点或 [放弃(U)]：<u>@0,28</u>↙

指定下一点或 [放弃(U)]：<u>↙</u>

③ 绘制五条水平线。

命令：↙

LINE 指定第一点：<u>0,14</u>↙

指定下一点或 [放弃(U)]：<u>130,14</u>↙

指定下一点或 [放弃(U)]：↙

命令：↙

LINE 指定第一点：<u>0,7</u>↙

指定下一点或 [放弃(U)]：<u>@40,0</u>↙

指定下一点或 [放弃(U)]：<u>↙</u>

命令：↙

LINE 指定第一点：<u>0,21</u>↙

指定下一点或 [放弃(U)]：<u>@40,0</u>↙

指定下一点或 [放弃(U)]：↙

命令：↙

LINE 指定第一点：<u>90,7</u>↙

指定下一点或 [放弃(U)]：<u>@40,0</u>↙

指定下一点或 [放弃(U)]：∠

命令：∠

LINE 指定第一点：90,21∠

指定下一点或 [放弃(U)]：@40,0∠

指定下一点或 [放弃(U)]：∠

④ 将标题栏的左边框、上边框的线宽设为 0.3，绘图结果如图 1-26 所示。

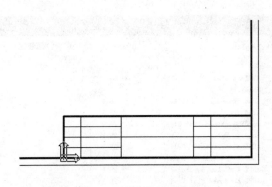

图 1-26

step4. 在标题栏中输入如图 1-24 所示的文字信息

用缩放工具放大欲写字的区域，单击绘图工具栏的文字图标 **A** ，在屏幕上单击鼠标左键指定文字输入位置的定义点，并拖曳一个大致反映文字高度与长度的矩形。

系统打开如图 1-27 所示的多行文字编辑器对话框，在字符标签页下，字体选"宋体"，字高选"2.5"。在文本框中键入欲输入的文字，点按［确定］，完成文字的输入。重复以上过程继续输入其他文字信息。有关文字输入的操作详见本书的 4.1 节。

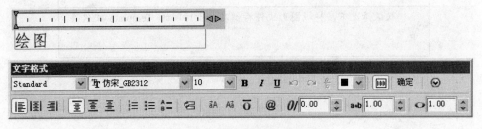

图 1-27　多行文字编辑器对话框

step5. 将所画图形保存为样板文件

调用存盘命令：

文件 → 保存为...

系统打开图形另存为对话框，见图 1-28。在文件类型下拉列表中选"AutoCAD 图形样板文件（*.dwt）"，并以"my_a3.dwt"为名保存。

图 1-28　图形另存为对话框

注释：

　　默认情况下，样板图形文件存储在易于访问的 Template 文件夹中。

第 2 章

AutoCAD 基础

学习本章后，你将能够：

◆ 了解 AutoCAD 图形对象的特性

◆ 掌握 AutoCAD 的图层操作

◆ 控制图形的各种显示

◆ 绘制 AutoCAD 图形

◆ 编辑 AutoCAD 图形对象

◆ 利用夹点编辑 AutoCAD 图形对象

2.1   AutoCAD 对象特性

直线、圆和文本等图形对象都具有颜色、线型和线宽三个特性，AutoCAD 2006 使用对象特性工具栏（图 2-1）来指定对象的特性。其中颜色控件、线型控件和线宽控件使用方法较相似，下面主要介绍线型控件的使用。

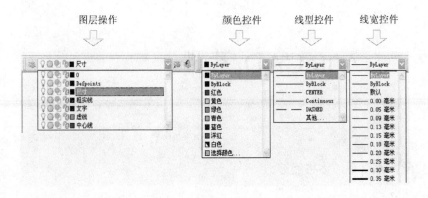

图 2-1   对象特性工具栏

2.1.1   图形对象的线型

当用户创建一个新的图形文件后，线型控件的下拉列表（图 2-2）通常会包括如下三种线型：

1) ByLayer（随层）：逻辑线型，表示对象与其所在图层的线型保持一致。

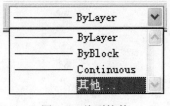

图 2-2   线型控件

2) ByBlock（随块）：逻辑线型，表示对象与其所在图块的线型保持一致。

3) Continuous（连续）：连续的实线。

AutoCAD 系统提供了多个线型库文件，其中包含了数十种的线型定义。用户加载线型库文件后，就可使用其定义对象的线型特性。

2.1.2   载入线型

在线型控件下拉列表中点击"其他…"，见图 2-2。系统将弹出线型管理器对话框，如图 2-3 所示。

其中：

1) 线型过滤器：确定哪些线型可以在线型列表中显示。

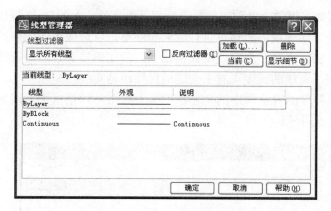

图 2-3　线型管理器对话框

2) 反向过滤器：显示不满足过滤器要求的全部线型。

3) [删除] 按钮：删除线型。随层、随块、连续、当前线型、被引用的线型以及依赖于外部参照的线型不能被删除。

4) [当前] 按钮：将选定的线型设为当前线型。

5) [加载…] 按钮：单击此按钮系统弹出如图 2-4 所示加载或重载线型对话框。该对话框中显示出了缺省线型库文件定义的全部线型。用户可单击 [文件…] 按钮来指定加载其他线型文件。选择需加载的线型或全部线型，按 [确定] 即可。

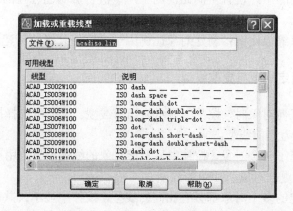

图 2-4　加载或重载线型对话框

2.1.3　线型比例因子

AutoCAD 所提供的线型是在线型文件中已定义好的，对于像虚线、中心线这样一些非连续线，是由一系列有一定规律的短划和间隙形成的，这些短划和间隙的长度已有定值。屏幕显示一张图幅较大的图纸，虽然是虚线或中心线，但其间隙值太小，因此，视觉上看到的似乎是一根连续实线。AutoCAD 提供了一个线型缩放命令，使非连续线的整体可进行放大和缩小，以适应不同图幅的要求。前面提到的问题，实际上就是要将线型比例放大。但比例要选合适，若比例太大，一个短划就达到了直线的长度，看上去这根直线还是实线线型。

　　点击线型管理器对话框中的［显示细节］按钮，对话框下方即显示线型详细信息，如图 2-5 所示。

图 2-5　线型详细信息

　　1) 全局比例因子：设置全局比例因子，该值将影响已存在的对象和以后要绘制的新对象。

　　2) 当前对象缩放比例：新建对象比例因子，该值只影响新建对象。

2.1.4　为对象指定线型与更改线型

　　1) 未选择任何对象时，控件中显示为当前线型。用户可选择控件列表中其他线型来将其设置为当前线型。

　　2) 如果选择了一个对象，控件中显示该对象的线型设置。用户可选择控件列表中其他线型来更改对象所使用的线型。

　　3) 如果选定的多个对象都具有相同的线型，控件中显示公共的线型；如果选定的多个对象具有不同的线型，则控件显示为空白。用户可选择控件列表中其他线型来同时改变当前选中的所有对象的线型。

> 注释：
>
> 　　颜色与线宽控件不需载入库文件，也没有比例因子之说，其他操作使用与线型控件类似。

2.2　AutoCAD 图层操作

反映地区交通路线的图纸上可包含许多内容，有空中运输线路、公路运输线路、铁路运输线路和河运线路。这些不同的线路若用同一颜色、同一线型画在屏幕上，会使图形变得杂乱无章。如果将图中的内容按不同的类型区分开来，然后用不同颜色和线型画在不同的透明纸上。例如，将航空线路图用蓝色虚线画在一张透明纸上，公路线路图、铁路线路图和河运线路图也按各自的线型与颜色画在另外不同的透明图纸上。这些透明图纸在绘图过程中，始终保持有相同的坐标系、相同的图形界限、相同显示缩放比例等。这样，各张透明图纸既可以精确地重叠在一起形成一张综合图纸，进行各种绘图、编辑操作，又可以抽走若干张暂时不需操作的透明图纸，使剩下的图纸图面简洁、操作方便。

AutoCAD 提供的图层操作就可以满足以上需求。用户可根据需要自己定义若干图层，给每个图层都定义相应的颜色、线型和线宽，利用 AutoCAD 的基本绘图命令在该图层上绘图，该层上的图形对象就具有了与该层一致的颜色、线型与线宽。可利用图层的关闭、加锁与冻结功能，有选择地隐去一些图形或保护一些图形不被编辑。

2.2.1　图层状态与特性

1. 图层状态

(1) 打开/关闭（ 💡 / 💡 ）

关闭状态的图层，其上的图形不可见，即不可显示和输出，显然也就不可编辑。

(2) 加锁/解锁（ 🔒 / 🔓 ）

加锁状态的图层，其上的图形可见但不可编辑，为只读图形。

(3) 冻结/解冻（ ❄ / ☀ ）

冻结状态的图层，该层上的图形不可见，不可编辑。AutoCAD 有些命令执行时，要求重新生成图形，冻结层上的图形对象不参与图形重新生成计算，可节省绘图时间。

如果有一张机械图，其尺寸专门绘制在一个图层上。现暂时只对图形进行编辑处理，可暂时关闭绘制尺寸的图层，使图面清晰。

如果有一张大楼的管路设计图，自来水管路绘制在一个图层上，且基本定稿，而暖气管路绘制在另一图层上，需参照自来水管路进行设计和绘制，为保护自来水管路不被意外修改，可将该层锁住，这样，自来水管路图就成为只读图形而受到保护。

如果有一张很复杂的图形，图形重新生成一次要费一定的时间，可将已完成部分的图形所在层冻结起来，这样，可加快 AutoCAD 生成图形的速度。

2. 图层特性

1) 用户可根据需要定义若干图层，图层数量不限，图层上图形对象数不限。有且仅有一个当前图层，用户只能在当前层上绘图。所以，要在某图层上作图，一般先要建立该层，然后再将该图层设为当前层，冻结层不能设为当前层。

2) AutoCAD 启动后，系统自动定义当前图层为 0 层，线型为 CONTINUOUS（实线），颜色为白色，线宽为缺省。0 层不能被改名和删除，0 层相当于系统提供给用户的一张最基本的图纸。

3) 系统只在当前层上绘图，但可编辑修改任意层的图形对象。

2.2.2　图层操作

有关图层操作的工具图标在对象特性工具栏中，见图 2-6。

图 2-6　图层操作工具栏

1. 图层特性管理器

单击 ，系统打开图层特性管理器，见图 2-7。

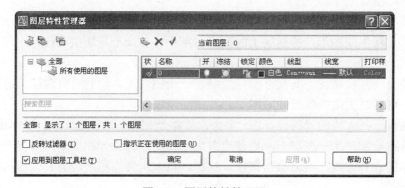

图 2-7　图层特性管理器

有关图层的基本操作都可在该对话框里进行，现分别介绍如下：

(1) 创建新图层

单击 图标按钮，AutoCAD 自动生成一个新的图层，如图 2-8 所示，新图层缺省名为"图层 1"。

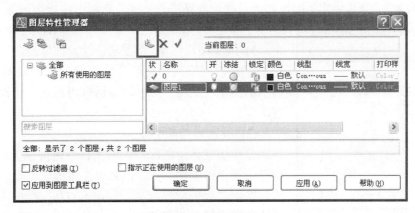

图 2-8　创建新图层

如果用户选择了列表中的一个图层，然后单击 按钮，则创建的新图层将继承所选图层的特性，如颜色、线型、线宽、开关状态等。否则新图层采用缺省设置。

(2) 修改图层特性

修改图层特性有以下几种情况：

1) 修改图层名。在图层列表框中，单击要修改的图层名或者按下 F2 键，然后在光标指示处输入新的图层名即可。

2) 改变图层状态。在图层列表框中，单击要改变状态的开关按钮即可。

3) 改变图层颜色。在图层列表框中，点按图层名称后的颜色按钮，出现如图 2-9 所示的选择颜色对话框，选择合适的颜色，点按 [确定]。系统即返回图层特性管理器对话框。

图 2-9　选择颜色对话框

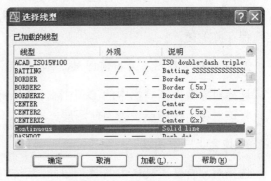

图 2-10　选择线型对话框

4) 改变图层线型。在图层特性管理器的图层列表框中，点按需修改图层的线型按钮，弹出如图 2-10 所示的选择线型对话框。如果选择线型对话框中没有用户所需的线型，则需加载线型。点按［加载…］按钮，系统弹出加载或重载线型对话框，该对话框中显示出了缺省线型库文件定义的全部线型。选择需加载的线型或全部线型，按［确定］即返回选择线型对话框，从该对话框中选择合适的线型，点按［确定］，系统返回图层特性管理器对话框。

5) 改变图层线宽。在图层特性管理器的图层列表框中，点按需修改图层的线宽按钮，引出如图 2-11 所示的线宽对话框。通过该对话框为选定图层设定缺省线宽。

(3) 设置为当前层

当图层及该层的线型、线宽、颜色都设置好后，就可在其上绘制图形了，但必须先将该层设置成当前层。在图层列表框选择某一图层，点按 ✔ 按钮，即可将所选图层设为当前层。图形对象缺省地采用和当前层一致的线型、线宽与颜色。

图 2-11　线宽对话框

(4) 删除图层

在图层特性管理器的图层列表框中选择某一图层，点击 ✕ 按钮，然后单击"应用"保存修改，或者单击"确定"保存并关闭，此时选定的图层才被删除。

下列图层不能删除：

1) 当前层和含有图形对象的图层。

2) 0 层和定义点层。

3) 依赖外部参照的图层。

(5) 设置图层显示过滤器

在图层特性管理器对话框中，在图层特性管理器中，单击 🗃 "新建特性过滤器"按钮，在"图层过滤器特性"对话框中，输入过滤器的名称，在"过滤器定义"下，设置用来定义过滤器的图层特性。单击"应用"保存修改，或者单击"确定"保存并关闭。

2. 使对象所在图层为当前图层

选择对象特性工具栏中的 🗾 图标，系统将提示选择对象。待选择一对象后，系统将该对象所在图层设为当前图层。

3. 恢复上一个图层

选择对象特性工具栏中的 🗾 图标，系统将取消最后一次对图层设置的改变，恢复到前一次图层状态。

4. 使用图层控件

利用对象特性工具栏中的图层控件，可进行如下设置：

1) 如果未选择任何对象，控件中显示为当前图层。用户可选择控件列表中其他图层，将其设置为当前图层。

2) 如果选择了一个图形对象，控件中即显示该图形对象所在的图层。用户可选择控件列表中其他图层来更改图形对象所在的图层。

3) 如果选择了多个对象，并且所有选定对象都在同一图层上，控件中显示公共的图层；如果选定的多个对象处于不同的图层，则控件显示为空白。用户可选择控件列表中其他图层来同时改变当前选中的所有对象所在的图层。

4) 在控件列表中单击相应的图标，可改变图层的开/关、冻结/解冻、锁定/解锁等。

在当前图层上画图，若所绘图形对象的线型、颜色和线宽均为缺省值（随层），则图形对象的特性与当前层的颜色、线型与线宽一致。

AutoCAD 可对当前图层上将要绘制的对象设置不同于当前图层的颜色、线型和线宽，称显式颜色、显式线型与显式线宽。该颜色、线型与线宽一直控制着后面画的实体，直至又一次改变对象的颜色、线型与线宽。新设置的颜色、线型与线宽对以前画的图形无影响。

若图形对象的线型、颜色与线宽为随层，当改变了图形对象所在层的颜色、线型与线宽后，图形对象的颜色、线型与线宽也会随层改变。

> 注释：
> 　　若图层上有显式颜色、显式线型或显式线宽的图形对象，它们的颜色、线型和线宽不会随图层的颜色、线型或线宽的改变而改变。

2.3　AutoCAD 显示控制

由于 AutoCAD 是按实际尺寸绘图，因此图幅的尺寸是变化的，而计算机屏幕的尺寸固定不变。有时需要将一张大图缩小到屏幕上来看图纸的全貌，有时又需要将一个复杂图形的局部，放大在屏幕上进行绘图编辑。AutoCAD 提供的图形显示控制命令就像照相机的变焦镜头，可在计算机屏幕上进行图形的缩放显示，而图形的实际尺寸并不改变。

AutoCAD 提供的缩放、平移、视图、鸟瞰视图和视口等一系列图形显示控制命令，可以用来任意地放大、缩小或移动屏幕上的图形显示。AutoCAD 提供的重画和重新生成命令可以刷新屏幕显示的图形。

2.3.1　缩放与平移

缩放平移工具位于标准工具栏，见图 2-12。

1. 缩放

单击 ，这时光标变为 形状。如果用户按住鼠标左键垂直向上移动，则随着鼠标移动距离的增加，图形不断地自动放大。反之，如果用户按住鼠标左键垂直向下移动，则随着鼠标移动距离的增加，图形不断地自动缩小。也可以通过直接滚动鼠标中键来达到缩放的效果。

2. 平移

为了在同样的显示比例下查看图形的不同部分，选择标准工具栏上的手形图标 ，这时光标变为小手形状，然后可以按住鼠标左键在屏幕上向任意方向拖动，则屏幕上的图形也随之移动，从而可以查看任意部分的图形。也可以按住鼠标中键不放，同时拖动鼠标，其效果和平移是一样的。

3. 其他缩放工具

其他缩放工具如图 2-12 所示。

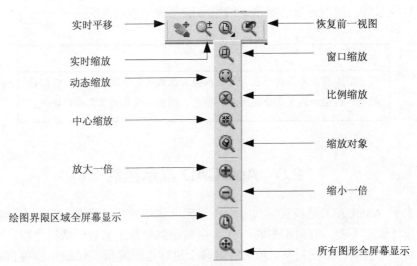

图 2-12　平移缩放工具

2.3.2　鸟瞰视图

使用缩放工具查看图形局部或使用平移工具移动图形时，屏幕上所显示的都只是图形中的一部分，此时用户无法了解该局部与全图以及与其他部分之间的相对关系，也无法直接转到与其不相邻的其他部分。为此，AutoCAD 提供了鸟瞰视图工具，它可以在另外一个独立的窗口中显示整个图形视图以便快速移动到需显示的目的区域。

由于彼此的操作结果将同时在两个窗口中显示。鸟瞰视图为用户提供了一个更为快捷的缩放和平移控制方式，无论屏幕上显示的范围如何，都可以使用户在了解图形的整体情况下，随时查看任意部位的细节。命令调用方式为：

菜单：视图　→鸟瞰视图

屏幕上出现如图 2-13 所示的鸟瞰视图窗口。

该窗口中粗线框称为视图框，表示当前屏幕所显示的范围。鸟瞰视图窗口的操作如下：

1）在鸟瞰视图窗口中单击鼠标左键，则窗口中出现一个可以移动的、中间带有"×"标记的细线框，此时移动鼠标可以移动视图框，从而实现了图形的平移，如图 2-14 所示。

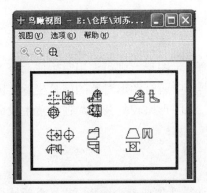

图 2-13　鸟瞰视图窗口

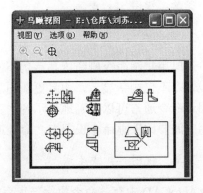

图 2-14　视图窗口平移

2）在鸟瞰视图窗口中再次单击鼠标左键，则窗口中的细线框右侧出现一个"→"标记，此时移动鼠标可以改变视图框的大小，从而实现了图形的缩放，如图 2-15 所示。

3）用户可以继续在鸟瞰视图窗口中单击鼠标左键，使视图框交替处于平移和缩放状态，从而不断地调整图形和视图框的相对位置和大小，并可随时按下鼠标右键确定视图框的最终位置和大小，如图 2-16 所示，AutoCAD 系统窗口中也相应显示视图框中所包含的图形部分。

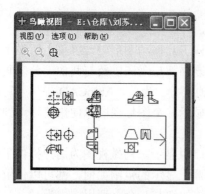 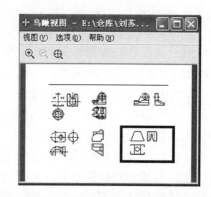

图 2-15　视图窗口缩放　　　　　　　图 2-16　确定视图窗最后的位置

2.3.3　重画与重生成

1. 重画

在编辑图形时有时屏幕上会显示一些临时标记或者显示不正确，比如删除同一位置的两条直线中的一条，但有时看起来好像是两条直线都被删除了。在这种情况下可以使用重画命令来刷新屏幕，以显示正确的图形。命令调用方式为：

菜单：视图 → 重画

2. 重生成

有时用重画命令刷新屏幕后仍不能正确显示图形，则可调用重生成命令。重生成命令不仅刷新显示，而且更新图形数据库中所有图形对象的屏幕坐标。因此使用该命令通常可以准确地显示图形数据。当图形比较复杂时，使用重生成命令所用时间要比重画命令长得多。命令调用方式为：

菜单：视图 → 重生成

AutoCAD 中有些命令执行结束后将自动重新生成整个图形，并且重新计算所有对象的屏幕坐标。但在处理一个很大的图形可能会非常费时，因此可根据需要来关闭还是打开自动重生成功能。命令调用方式为：

命令：regenauto↙
输入模式 [开(ON) / 关(OFF)] <开>：

2.3.4　视图

视图是以一定比例、观察位置和角度来显示的图形。在 AutoCAD 中可以把当前屏幕显示的图形或定义的一窗口区域的图形，以视图的形式保存在图形数据库中，这样就可以快速的恢复显示一个已保存的视图。命令调用方式为：

菜单：视图 → 命名视图...

系统打开如图 2-17 所示的视图对话框。

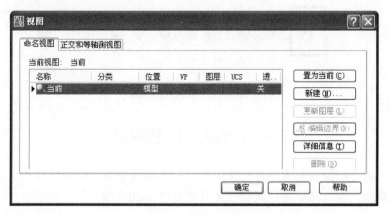

图 2-17　视图对话框

1. 创建新视图

选择命名视图选项卡，单击 [新建...] 按钮，系统弹出新建视图对话框，如图 2-18 所示。在视图名称编辑框中输入视图名称，选当前显示的图形为新建视图，或选"定义窗口"，单击 🖳，用窗口定义一区域显示的图形为新建视图。

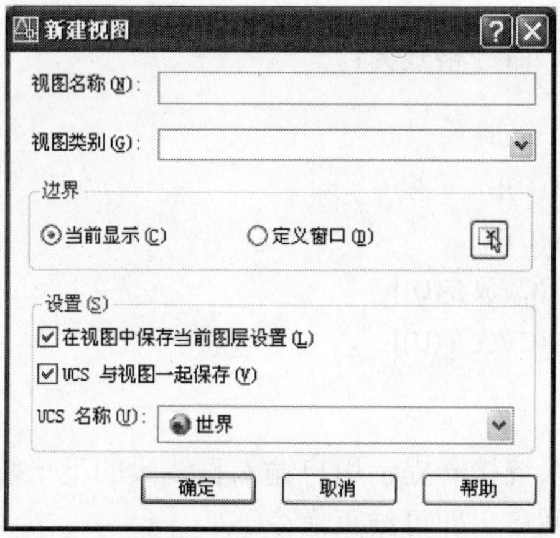

图 2-18　新建视图对话框

2. 使用命名视图

若要调用一个已命名保存的视图,只要单击标准工具栏上的命名视图图标(图 2-19),系统可打开视图对话框,在列表中选择该视图后,单击 [置为当前] 按钮,屏幕上将恢复该视图的显示。

图 2-19　命名视图图标

2.4　AutoCAD 基本绘图

本节将介绍绘制基本图形对象所使用的工具或命令,AutoCAD 中的基本图形对象有直线、圆、文字等。其绘图工具栏见图 2-20。

图 2-20　绘图工具栏

2.4.1　直线类

1. 直线

绘制直线或折线。命令格式为:

命令:_line 指定第一点:
指定下一点或 [放弃(U)]:
指定下一点或 [放弃(U)]:
指定下一点或 [闭合(C)/放弃(U)]:
指定下一点或 [闭合(C)/放弃(U)]:↙

说明:

1) 输入起点后,系统接着提示用户输入直线段的下一端点。输入折线终点后,在下一个提示处键入回车,即可结束命令。

2) 在"指定下一点或 [放弃(U)]:"处键入 U,可取消刚画的一段直线,再键入一次 U,再取消前一段,以此类推。若键入 C,系统会从折线当前端点向折线起点画一条封闭线，形成一个封闭线框，并自动结束命令。

　　3) 在"指定下一点或 [放弃(U)]:"处直接键入回车，系统就认为直线的起点是上一次画的直线或圆弧的终点。若上一次画的是直线，新画的直线就能和上次直线精确地首尾相接。若上次画的是圆弧，新画的直线按圆弧的切线方向画出，见图 2-21。

　　2. 构造线 ✏

图 2-21　圆弧终点为直线起点

　　向两个方向无限延伸的直线即构造线，可用作创建其他对象的参照。 例如，可以用构造线查找三角形的中心、准备同一个项目的多个视图或创建临时交点用于对象捕捉。命令格式为：

　　命令：_xline
　　指定点或 [水平(H)/垂直(V)/角度(A)/二等分(B)/偏移(O)]:

　　说明：
　　1) 指定点：两点指定方向。
　　2) 水平(H)：通过指定点的水平构造线。
　　3) 垂直(V)：通过指定点的竖直构造线。
　　4) 角度(A)：按指定角度绘制构造线。
　　5) 二等分(B)：创建指定顶点、起点和端点所构成角的角平分线。
　　6) 偏移(O)：创建平行于指定直线，并且通过指定点的构造线。

　　3. 多线

　　菜单：绘图 → 多线

　　在工程领域，经常要绘制平行线。AutoCAD 系统除了提供偏移命令实现平行线的绘制外，还提供了功能更强更专业的多线命令，它允许用户一次创建最多 16 条平行线，每条线有各自的偏移量、颜色、线型等特性。
　　多线由若干称为元素的平行线组成。每一元素由其到中心的距离或偏移来定义，中心的偏移为 0。用户可以创建和保存多线样式，或者使用具有两个元素的缺省样式，还可以设置每个元素的颜色和线型，显示或隐藏多线连接（出现在多线元素每个顶点处的线条）等。命令格式为：

　　命令：_mline
　　当前设置：对正 = 上，比例 = 20.00，样式 = STANDARD
　　指定起点或 [对正(J)/比例(S)/样式(ST)]:

指定下一点：

指定下一点或 [放弃(U)]：

指定下一点或 [闭合(C)/放弃(U)]：

说明：

1) 对正：控制多线的对齐方式，有上偏移、零偏移、下偏移三种，即设定多线最大正偏移量元素、原点、最大负偏移量元素三者之一通过用户指定点。

2) 比例：设置多线的比例系数，影响多线的宽度，多线的各元素用该系数乘以其偏移量得到新的偏移量。该系数大于 1，多线变宽；该系数小于 1 且大于 0，多线变窄；该系数等于 0，多线重合为单一直线；该系数小于 0，多线元素偏移量发生正负变化，同时按该系数绝对值进行偏移量的缩放。

3) 样式：该选项用于选择多线的样式，输入多线的样式名，则设置该样式为多线当前样式；输入 "?"，可以查询当前图形中的多线样式列表。多线样式可通过调用菜单命令 "格式 → 多线样式…" 来进行设置。

2.4.2　多段线类

1. 多段线

多段线是作为单个对象创建的相互连接的序列线段，可以创建直线段、弧线段或两者的组合线段，它是 AutoCAD 中最常用且功能较强的图形对象之一，由一系列首尾相连的直线和圆弧组成，可以具有宽度，并可绘制封闭区域，因此多段线可以替代某些 AutoCAD 图形对象，如直线、圆弧、实心圆等。多段线还提供单个直线所不具备的编辑功能，例如，可以调整多段线的宽度和曲率，将其转换成单独的直线段和弧线段。它与由直线、圆弧所画的图形相比有两方面的优点：

• 灵活：它可直可曲，可宽可窄，可以宽度一致，也可以粗细变化。

• 统一：整条多段线是一个单一对象，便于编辑。

命令格式为：

命令：_pline
指定起点：
当前线宽为 0.0000
指定下一个点或 [圆弧(A)/半宽(H)/长度(L)/放弃(U)/宽度(W)]：

多段线命令的提示分直线方式和圆弧方式两种，初始提示为直线方式。现分别介绍不同方式下的各选项的含义。

(1) 直线方式

指定下一点或 [圆弧(A)/闭合(C)/半宽(H)/长度(L)/放弃(U)/宽度(W)]：

说明：

1) 指定下一个点：缺省值，直接输入直线端点画直线。

2) 圆弧：转为画圆弧方式。

3) 闭合：从多段线当前点向起始点连一条线，形成闭合图形。

4) 宽度：定义下段线的宽度。一段线的始末两端可定义不同线宽，线段的始点与终点都位于宽线的中心轴线上。

5) 半宽：按宽度线的中心轴线到宽度线的边界的距离定义线宽，前面对宽度的说明也适用于"半宽"。

6) 长度：画一条与前一线段方向相同的指定长度的线段。如果前一线段是圆弧，将绘制一条过弧终点并与弧相切的线段。

7) 放弃：取消，同直线命令的选项 U。

(2) 圆弧方式

指定圆弧的端点或[角度(A)/圆心(CE)/闭合(CL)/方向(D)/半宽(H)/直线(L)/半径(R)/

第二个点(S)/放弃(U)/宽度(W)]：

说明：

1) 指定圆弧的端点：缺省值，新画弧过前一段线的终点，并与前一段线（圆弧或直线）在连接点处相切。

2) 圆心角：由圆心角定义弧。

3) 圆心：指定圆心，此时所画的新弧一般不再与多段线的前一线段相切。

4) 闭合：在弧方式下，表示用弧线与多段线起始点闭合，形成封闭图形。

5) 方向：为新弧定义一个始点切线方向。

6) 宽度、半宽、放弃：各选项的含义与直线方式的选项相同。

7) 直线：转入直线方式。

8) 半径：此选项可进行指定半径方式画弧。

9) 第二点：此选项可进行 3 点方式画弧。

2. 正多边形 ⬠

提供三种方式画正多边形，分别介绍如下。

(1) 定边法

系统要求指定正多边形一条边的两个端点，然后，系统从边的端点开始按逆时针方向画出正多边形，该指定边即确定了正多边形的放置方向，见图 2-22 (a)。

命令：_polygon 输入边的数目 <4>：5↙

指定正多边形的中心点或 [边(E)]：e↙

指定边的第一个端点：指定 A 点。

指定边的第二个端点：指定 A 点。

(2) 内切圆法

AutoCAD 要求用户指定正多边形内切圆的圆心和半径，若键入半径值，多边形的一边为水平，见图 2-22 (b)。若用拖动方式输入一点，该点与圆心的距离为半径，该点就是多边形上一条边的中点，即为内切圆与多边形一条边的一个切点。该点的指定，也就确定了正多边形的安置方向，见图 2-22 (c)。

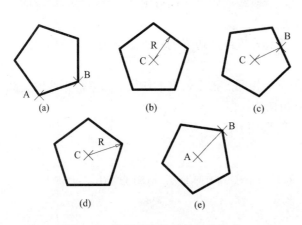

图 2-22   绘制正多边形的三种方式

(a) 定边法；(b)、(c) 内切圆法；

(d)、(e) 外接圆法

命令：_polygon 输入边的数目 <4>：5↙

指定正多边形的中心点或 [边(E)]：指定 C 点。

输入选项 [内接于圆(I)/外切于圆(C)] <I>：c↙

指定圆的半径：指定 B 点。

(3) 外接圆法

AutoCAD 要求指定外接圆的圆心和半径，若键盘键入半径值，则正多边形的一条边为水平，见图 2-22 (d) 。若用光标拖动方式在屏幕上输入一点，半径由该点到圆心的距离确定，该点同时也是正多边形的一个顶点，故该点的指定也就确定了正多边形的安置方向，见图 2-22(e)。

命令：_polygon 输入边的数目 <4>：5↙
指定正多边形的中心点或 [边(E)]：指定 A 点。
输入选项 [内接于圆(I)/外切于圆(C)] <I>：↙
指定圆的半径：指定 B 点。

3. 矩形 ▭

根据输入的两个对角点坐标，生成一个矩形对象。命令格式为：

命令：_rectang
指定第一个角点或 [倒角(C)/标高(E)/圆角(F)/厚度(T)/宽度(W)]：
指定另一个角点或 [尺寸(D)]：

说明：

"倒角"将矩形四个角倒角；"标高"将决定该矩形沿着 Z 轴方向的高度；"圆角"将矩形四个角倒圆；"厚度"参数决定矩形的厚度；"宽度"参数设置矩形的线宽。

2.4.3　曲线类

1. 圆弧

AutoCAD 提供了 11 种画弧方式，见图 2-23。可从下拉菜单选择画弧方式中的任意一种。命令调用方式为：

菜单：绘图　→　圆弧

命令：_arc 指定圆弧的起点或 [圆心(C)]：
指定圆弧的第二个点或 [圆心(C)/端点(E)]：
指定圆弧的端点：

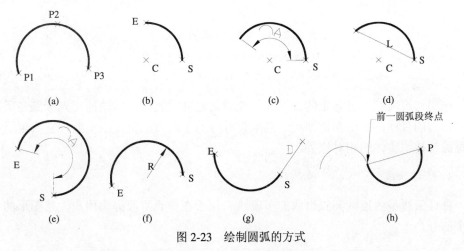

图 2-23　绘制圆弧的方式

(a) 3 点；(b) 始点圆心终点；(c) 始点圆心圆心角；(d) 始点圆心弦长；

(e) 始点终点圆心角；(f) 始点终点半径；(g)始点终点方向；(h)继续

执行画弧操作时，有时需要用户输入一个点或一个数值，此时可用键盘输入点的坐标或数值，也可用光标在屏幕取点或使用光标拖动在屏幕上定数值。有时系统需要用户选择某个选择项。这就需要用户详细阅读命令区的提示，明白系统需要再作出响应。

2. 圆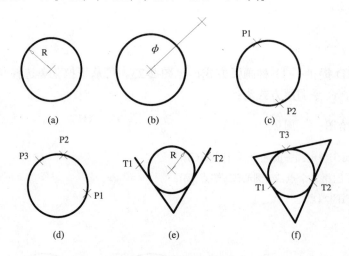

AutoCAD 提供了 6 种生成圆的方式，见图 2-24。用户可根据已了解的几何条件选最合适的方式绘制圆。命令格式为：

命令：_circle
指定圆的圆心或 [三点(3P)/两点(2P)/相切、相切、半径(T)]：

图 2-24　6 种绘制圆的方式

(a) 圆心，半径；(b) 圆心，直径；(c) 2 点；

(d) 3 点；(e) 切点，切点，半径；(f)三切点

选相切选项后，屏幕上的十字光标变成切点捕捉光标，移动捕捉光标到与所绘圆相切的目标，单击左键即可。选取目标时的单击点的位置很重要，它决定了所画圆与被切实体的相对位置。

3. 修订云线

修订云线是由连续圆弧组成的多段线。用于在检查阶段提醒用户注意图形的某个部分。

命令：_revcloud
最小弧长：15　　最大弧长：15　　样式：手绘
指定起点或 [弧长(A)/对象(O)/样式(S)] <对象>：
沿云线路径引导十字光标…
反转方向 [是(Y)/否(N)] <否>：N
修订云线完成。

说明：

1) 弧长选项用于指定云线中弧线的长度,最大弧长不能大于最小弧长的3倍。

2) 对象选项用于指定要转换为云线的对象。

3) 样式选项指定修订云线的样式是普通还是手绘。

4. 圆环

菜单：绘图　→　圆环

命令：_donut
指定圆环的内径 <10.0000>：
指定圆环的外径 <20.0000>：
指定圆环的中心点或 <退出>：

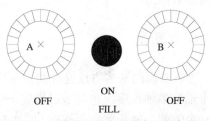

图 2-25　用圆环命令画的实心圆与圆环

该命令要求输入的参数为圆环内径、外径和圆环中心,当内径为零时,圆环变为圆。在同一条命令下,内外径给定后,给多个圆心点响应,可在不同的圆心位置画出同样大小的圆环或圆。在 FILL ON 状态,可画出填充圆环或圆,见图 2-25。

FILL ON/OFF 的设置可使用命令 FILL。命令格式为：

命令：fill↙
输入模式 [开(ON) / 关(OFF)] <开>：

5. 样条曲线 〰

样条曲线就是经过或接近一系列给定点的光滑曲线，可以控制曲线与点的拟合程度。样条曲线可以是 2D 或 3D 图形。

AutoCAD 使用的是非均匀有理 B 样条曲线（NURBS）。NURBS 曲线在控制点之间产生一条光滑的曲线，而编辑多段线的“拟合”选项只能生成近似的样条曲线。样条曲线比拟合样条具有更高的精度，占用的内存和磁盘空间也更少。命令格式为：

命令：_spline
指定第一个点或 [对象(O)]：
指定下一点：
指定下一点或 [闭合(C)/拟合公差(F)] <起点切向>：
指定起点切向：

指定端点切向:

说明:

1) 指定第一个点:提示用户确定样条曲线起始点。然后会提示用户确定第二点,样条曲线至少包括 3 个点。

2) 对象:转化一条用多段线编辑命令的样条选项拟合过的多段线为真正的样条曲线。

3) 闭合:使得样条曲线起始点、结束点重合和共享相同的顶点和切矢。

4) 拟合公差:控制样条曲线对数据点的接近程度,拟合公差的大小对当前图形单元有效。公差越小,样条曲线就越接近数据点。若为 0,则表明样条曲线精确通过数据点。

6. 椭圆 ⬭

绘制椭圆的缺省方法是先指定椭圆圆心,然后指定一个轴的端点,再给出另一个轴的半轴长度。也可通过指定一个轴的两个端点(即首先定义一个主轴)和另一个轴的半轴长度来画椭圆(图 2-26)。第二个轴也可以通过绕第一个轴旋转一个圆,来定义长轴和短轴比值的方法来指定。若旋转角度为 0,则绘制一个圆,如果旋转角度介于 89.4~90 之间,系统提示为无效输入。命令格式为:

命令:_ellipse
指定椭圆的轴端点或 [圆弧(A)/中心点(C)]:
指定轴的另一个端点:
指定另一条半轴长度或 [旋转(R)]:

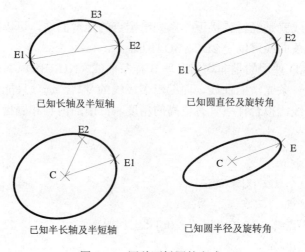

已知长轴及半短轴   已知圆直径及旋转角

已知半长轴及半短轴   已知圆半径及旋转角

图 2-26 四种画椭圆的方式

7. 椭圆弧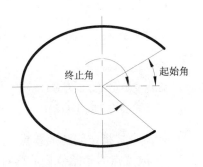

先构造母体椭圆，出现的选项和提示与椭圆相同，然后询问椭圆弧的起始角和终止角以绘制椭圆弧（角顶点为椭圆圆心，长轴角度定义为 0 度）。也可以指定起始角和夹角度数，见图 2-27。命令格式为：

命令：_ellipse
指定椭圆的轴端点或 [圆弧(A)/中心点(C)]：_a
指定椭圆弧的轴端点或 [中心点(C)]：
指定轴的另一个端点：
指定另一条半轴长度或 [旋转(R)]：
指定起始角度或 [参数(P)]：
指定终止角度或 [参数(P)/包含角度(I)]：

图 2-27　绘制椭圆弧

2.4.4　其他图形对象

1. 点

AutoCAD 提供了多种点的样式，在画点前，用户可先选择点的样式。

(1) 设置点的样式

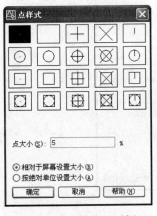

图 2-28　点样式对话框

菜单：格式 → 点样式…

系统打开如图 2-28 所示的点样式对话框。对话框上部为点样式的图标菜单，可供用户选择。"点大小："右边的文本框内可键入点样式的尺寸，系统缺省的点样式为一小圆点。

(2) 定数等分放置点

菜单：绘图 → 点 → 定数等分

命令：_divide
选择要定数等分的对象：
输入线段数目或 [块(B)]：

此命令可在选定的单个对象上等间隔地放置点。在使用时应注意：

1) 输入的是等分数，而不是放置点的个数，如果将所选对象分成 3 份，实际上只生成两个等分点。

2) 每次只能对一个对象进行操作。

(3) 定距等分放置点

菜单：绘图 → 点 → 定距等分

命令：_measure
选择要定距等分的对象：
指定线段长度或 [块(B)]:

此命令按指定间隔放置点。在使用时注意：

1) 放置点的起始位置从离对象选取点较近的端点开始。

2) 如果对象总长不能被所选长度整除，则最后放置点到对象端点的距离将不等于所选长度。

2. 图案填充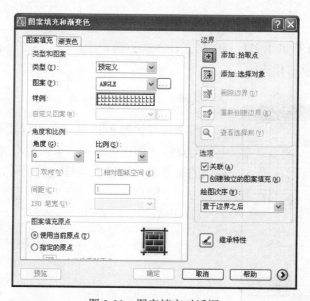

AutoCAD 提供了多种图案的样式，使用图案填充可绘制机械图的剖面线。
点击，系统打开图案填充对话框，见图 2-29。

图 2-29 图案填充对话框

(1) 定义要填充图案的区域

可利用对话框中的添加拾取点按钮，在要填充图案的闭合区域内拾取一个点，然后由系统自动分析图案填充边界。还可用添加选择对象按钮来选择要填充图案的一个或若干对象，此时，这一个或若干对象必须形成一个或几个封闭区域。

(2) 图案的选择和使用

在类型下拉框有三个选项：

1) 预定义：选用已定义在文件 ACAD.PAT 中的图案。

2) 用户定义：使用当前线型定义的图案。

3) 自定义：选用定义在其他 PAT 文件中的图案。

要选用预定义图案，可有三种方法：

1) 从图案下拉列表框中选择所需图案。

2) 单击图案下拉列表框右侧的［…］按钮打开填充图案选项板对话框，从中选择一种图案，见图 2-30。

3) 单击样例图案预览小窗口，也可打开填充图案选项板对话框。

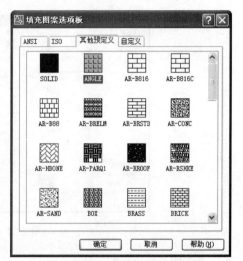

选好图案后，需在角度、比例文本框中设定图案绘制角度和缩放比例。角度为图案的旋转角；缩放比例影响图案中线的间距，比例越大间距越大。应设置适当的值，使剖面线不至于过密或过疏。

设定填充区域和填充图案后，可单击［预览］按钮，预览填充效果。单击鼠标右键或回车键返回对话框，如对效果满意，单击［确定］即可进行图案填充。

图 2-30   填充图案选项板对话框

(3) 图案填充对话框中其他按钮的意义

1) 删除边界：从边界定义中删除以前添加的任何对象。

2) 重新创建边界：单击该按钮，围绕选定的图案填充或填充对象创建多段线或面域，并使其与图案填充对象相关联。

3) 查看选择集：单击该按钮，系统醒目显示当前定义的填充边界，以供用户确定当前边界是否为期望的结果。如果未定义边界，则此选项不可用。

4) 继承特性：提示用户在图形中选择一个已填充的图案，当前填充将继承与这个图案填充相关的设置。

5) 选项：控制几个常用的图案填充或填充选项，主要包括以下几项。

•关联：控制图案填充或填充的关联。关联的图案填充或填充在用户修改其边界时将会更新。

•创建独立的图案填充：控制当指定了几个独立的闭合边界时，是创建单个图案填充对象，还是创建多个图案填充对象。

•绘图次序：为图案填充或填充指定绘图次序。图案填充可以放在所有其他对象之后、所有其他对象之前、图案填充边界之后或图案填充边界之前。

6) ISO 笔宽：当填充图案采用 ISO 图案时，确定笔的宽度。

7) 图案填充原点：控制填充图案生成的起始位置。某些图案填充（例如砖块图案）需要与图案填充边界上的一点对齐。默认情况下，所有图案填充原点都对应于当前的 UCS 原点。

(4) 更多选项卡

更多选项卡标签页见图 2-31。

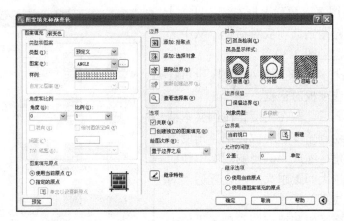

图 2-31　更多选项卡

说明：

1) 孤岛：孤岛显示样式有普通、外部、忽略三种选择，该选项控制填充时如何处理孤岛。因为可以定义精确的边界集，所以一般情况下最好使用"普通"样式。

2) 边界保留：指定是否将边界保留为对象，并确定应用于这些对象的对象类型。

3) 边界集：定义当从指定点定义边界时要分析的对象集。当使用"选择对象"定义边界时，选定的边界集无效。

4) 允许的间隙：设置将对象用作图案填充边界时可以忽略的最大间隙。 默认值为 0，此值指定对象必须封闭区域而且没有间隙。

5) 继承选项：使用"继承特性"创建图案填充时，这些设置将控制图案填充原点的位置。

3. 渐变色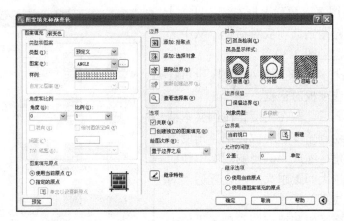

渐变填充是实体图案填充，能够体现出光照在平面上而产生的过渡颜色效果。可以使用渐变填充在二维图形中表示实体。

渐变填充使用与实体填充相同的方式应用到对象，并可以与其边界相关联，也可以不进行关联。当边界更改时，关联的填充将自动随之更新。

如图 2-32 所示，渐变色对话框与图案填充对话框基本一致，使用方法也基本相同，只有少数几个命令不同，下面主要介绍这几个命令。

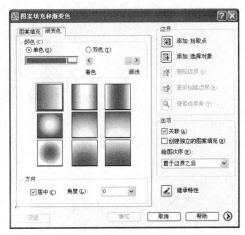

图 2-32　渐变色对话框

1) 颜色：

单色：指定使用从较深着色到较浅色调平滑过渡的单色填充。

双色：指定在两种颜色之间平滑过渡的双色渐变填充。

颜色样本：指定渐变填充的颜色。

"着色"和"渐浅"滑块：指定一种颜色的渐浅（选定颜色与白色的混合）或着色（选定颜色与黑色的混合），用于渐变填充。

2) 渐变图案：显示用于渐变填充的九种固定图案。 这些图案包括线性扫掠状、球状和抛物面状图案。

3) 方向：指定渐变色的角度以及其是否对称。

4. 生成面域 ▣

圆、矩形、正多边形都是封闭图形，利用多段线、样条和直线的闭合选项也可生成封闭区域。但是，所有这些图形都只包含边的信息而没有面，因此他们被称为线框模型，见图 2-33 (a)。

面域是 2D 实体模型，它不但含边的信息，还有边界内的信息，如孔、槽等。AutoCAD 可利用这些信息计算工程属性，如面积、质心、惯性矩等，还可对面域执行布尔操作，见图 2-33 (b)。

可从已有的 2D 封闭对象（如封闭折线、多段线、圆、样条曲线）或多个对象组成的封闭区域来创建面域。自相交或不闭合的对象不能转换为面域。

单击 ▣，系统提示：

命令：_region

选择对象：

已提取 3 个环。

已创建 3 个面域。

(a)　　　　　　　　　　　　　　　　(b)

图 2-33　线框与面域

5. 表格

表格是在行和列中包含数据的对象。创建表格对象时，首先创建一个空表格，然后在表格的单元中添加内容。

表格创建完成后，用户可以单击该表格上的任意网格线以选中该表格，然后通过使用"特性"选项板或夹点来修改该表格。

修改表格高度或宽度时，行或列将按比例变化。修改列宽度时，表格将加宽或变窄以适应列宽的变化。要维持表宽不变，可以在使用列夹点时按住［Ctrl］键。

命令：_table

指定插入点：

2.5　AutoCAD 图形编辑

本节将介绍 AutoCAD 对图形对象的各种编辑方法。

2.5.1　建立选择集

进行图形编辑时，首先要确定编辑对象。可选择一个或多个被编辑对象，建立一个选择集。被选中的图形对象，系统用虚线显示，以区别于选择集外的对象。

系统要求用户建立编辑命令的选择集时，命令提示区给出如下信息：

选择对象：

光标也变为选择光标（小正方形），并进入选择目标状态。

AutoCAD 提供了多种选择对象的方法，以下对一些常用的选择方法作一介绍。

1. 点选

用户直接将选择光标移到某一图形对象上时，该对象立即以粗实线显示，表示该对象进入选择范围，等待进入选择集。若此时用户在对象上单击，该对象立刻用"醒目"方式（虚线）显示，表示该对象已被选中，进入选择集。若是可对多个图形对象进行编辑的命令，会重复提示"选择对象："，要求用户再选择被编辑对象，这样，用户一次点选一个，可多次选择，建立最终的选择集。选择光标尽量不要定在二个或几个对象的交叉区域，因选择光标套住几个对象，无法预计会选中哪一个。被选择的对象若为 FILL OFF 的非填充对象，选择光标应指在对象边界上。

2. W(Window)窗

在选择状态下，先点击矩形左角点，再点击右角点。屏幕上出现一个以输入的两点为对角点的实线矩形，称 W 选择窗。此时，完全包含在窗口内的图形对象被选中，且虚线显示，而与窗口交叉或完全在窗口外的图形对象不会被选择，也就不会被编辑。故 W 窗将完全在窗口内的图形对象建立一个选择集。

3. C(Crossing)窗

在选择状态下，先点击矩形右角点，再点击左角点。此时屏幕上出现一个以输入的两点为对角点的虚线矩形。称 C 选择窗（又称交叉窗口），完全在窗口内的对象和与 C 窗口矩形交叉的对象进入选择集。

4. Last

在"选择对象："提示后输入 L，系统选择最后生成的一个图形对象作为编辑对象。该方式用于最后画好就要修改的对象。

5. Previous

在"选择对象："提示后输入 P，系统将前一个命令所建立的选择集作为本次命令的选择集。对同样的对象分别进行不同的编辑操作，用此方式最便捷。

6. All

在"选择对象："提示后输入 All，系统选择图中除了被锁住或冻结的图层上的对象以外的所有对象。

7. 扣除模式

在选择状态，如果按住［Shift］键，再选择已在选择集中的对象，就可在已建立的选择集中，移走被选择的对象，将其从选择集中排除。

2.5.2　Windows 标准编辑

当用户要使用另一个 AutoCAD 图形文件中的对象时，可以先将这些对象剪切或复制到剪贴板，然后将它们从剪贴板粘贴到目标文件中。Windows 标准编辑工具栏见图 2-34。

图 2-34　Windows 标准编辑工具栏

1. 剪切

从图形中删除选定对象并将它们存储到剪贴板上。

2. 复制

将图形的部分或全部存储到剪贴板上。AutoCAD 对象以矢量形式复制，可在其他应用程序中保持高的分辨率。这些对象以 WMF（Windows 图元文件）格式存储在剪贴板中。然后剪贴板中存储的信息可以嵌入其他文档。更新原始图形并不更新已嵌入其他应用程序的副本。

3. 粘贴

将对象通过剪切或复制存储到剪贴板后，AutoCAD 以所有可用格式存储信息。当将剪贴板中的内容粘贴到 AutoCAD 图形中时，AutoCAD 使用保留最多信息的格式。当然，可以忽略此设置并将粘贴信息转换成 AutoCAD 格式。

4. 特性匹配

可将一个对象的某些或所有特性复制到其他对象。可以复制的特性类型包括：颜色、图层、线型、线型比例、线宽、打印样式和厚度等。

单击　，系统提示：

选择源对象：

当前活动设置：颜色 图层 线型 线型比例 线宽 厚度 打印样式 文字 标注 填充图案

选择目标对象或 [设置(S)]：

默认情况下，所有可应用的特性都自动地从选定的第一个对象复制到其他对象。如果不希望一个或多个特定的特性被复制，可以在该命令执行过程中的任何时候选择"设置"选项,在特性设置对话框中禁止该特性的复制，见图 2-35。

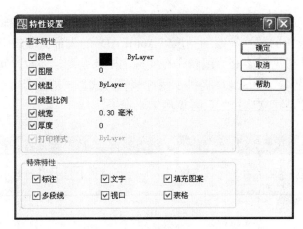

图 2-35　特性设置对话框

5. 块编辑器

块编辑器是专门用于创建块定义并添加动态行为的编写区域，它使得对于块的操作更加得心应手。块编辑器提供了专门的编写选项板。通过这些选项板可以快速访问块编写工具。

除了块编写选项板之外，块编辑器还提供绘图区域，用户可以根据需要在程序的主绘图区域中绘制和编辑几何图形。用户可以指定块编辑器绘图区域的背景颜色。

块编辑器主要提供以下一些功能：

1) 保存块定义。

2) 添加参数。

3) 添加动作。

4) 定义属性。

5) 关闭块编辑器。

6) 管理可见性状态。

6. 放弃与重做

在"标准"工具栏中，单击图标左边的箭头放弃最近执行的操作，单击右边的列表箭头，将列出从最近一次执行的操作开始所有可以放弃的操作，拖动以选择要放弃的操作，就可以放弃指定数目的操作。

重做命令与放弃命令类似。

2.5.3　AutoCAD 基本编辑

AutoCAD 具有丰富的图形编辑功能，在绘图时，编辑并不仅仅意味着删除对象和修改对象，如果在绘图时就能灵活地使用绘图命令和图形编辑命令，可极大地提高计算机绘图的效率和绘图精度。AutoCAD 的大部分编辑命令在修改菜单下，其修改工具栏见图 2-36。编辑命令实施的对象是图形对象，可对一个对象或多个对象进行编辑。AutoCAD 提供了两种编辑方式，一是先调用编辑命令再建立选择集；另一种是建立选择集后再调用编辑命令。

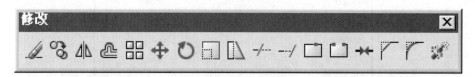

图 2-36　修改工具栏

在第一种选择方式下，大多数编辑命令的执行过程可分为四步：

1) 调用编辑命令。

2) 建立选择集。

3) 输入命令执行时需要的点、数值等参数。

4) 观察屏幕发生的变化，若编辑结果不理想，可按［Esc］键，取消本次编辑命令。

1. 删除

可以在图形中删除用户所选择的一个或多个对象。对于一个已删除对象，虽然用户在屏幕上看不到它，但在图形文件还没有被关闭之前，该对象仍保留在图形数据库中，用户可利用"undo"或"oops"命令进行恢复。当图形文件被关闭后，则该对象将被永久性地删除。命令格式为：

命令：_erase
选择对象：

用户可在此提示下构造对象选择集，并回车确定。

2. 移动

可以将用户所选择的一个或多个对象平移到其他位置，但不改变对象的方向和大小，见图 2-37。命令格式为：

命令：_move
选择对象：
选择对象：✓

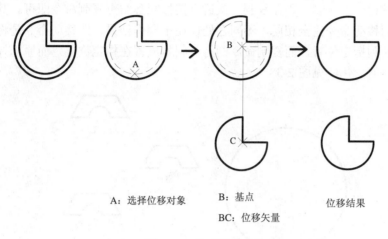

A：选择位移对象　　　B：基点　　　　　位移结果

BC：位移矢量

图 2-37　移动图形对象

指定基点或位移：

指定位移的第二点或 <用第一点作位移>：

先构造要移动的对象的选择集，并回车确定；接着指定一个基点，可通过键盘输入或鼠标选择来确定基点；此时系统要求输入位移量。

这时有两种输入位移方式：

1) 指定第二点：系统将根据基点到第二点之间的距离和方向来确定选中对象的移动距离和移动方向。在这种情况下，移动的效果只与两个点之间的相对位置有关，而与点的绝对坐标无关。

2) 直接回车：系统将基点的坐标值作为相对的 **X**、**Y**、**Z** 位移值。在这种情况下，基点的坐标确定了位移矢量（即原点到基点之间的距离和方向），因此，基点不能随意确定。

3. 复制

可以将用户所选择的一个或多个对象生成一个副本，并将该副本放置到其他位置。命令格式为：

命令：_copy

选择对象：

选择对象：✓

指定基点或 [位移(D)] <位移>：

　　构造要复制的对象的选择集，并回车确定。此时默认选项为进行多次复制，若只需要进行一次复制，则在复制一次后直接按回车结束复制命令即可。其他的操作过程同移动命令完全相同。不同之处仅在于操作结果，即移动命令是将原选择对象移动到指定位置，而复制命令则将其副本放置在指定位置，而原选择对象并不发生任何变化，见图 2-38。

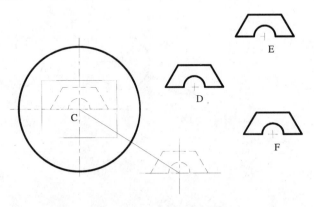

图 2-38　重复复制图形对象

　　4. 旋转

　　将所选择的一个或多个对象绕某个基点和一个相对或绝对的旋转角进行旋转。命令格式为：

命令：_rotate
UCS 当前的正角方向：ANGDIR=逆时针　　ANGBASE=0
选择对象：
选择对象：↙
指定基点：
指定旋转角度或 或 [复制(C)/参照(R)] <0>：

　　先构造要旋转对象的选择集，并回车确定，接着需要指定一个基点，即旋转对象的旋转中心。然后指定旋转的角度，这时有三种方式可供选择：

　　1) 直接指定旋转角度：即以当前的正角方向为基准，按用户指定的角度进行旋转。

　　2) 复制：创建要旋转的选定对象的副本。

　　3) 参照：系统提示指定一个参照角，然后再指定以参照角为基准的新的角度。

5. 比例 ⬚

按比例放大和缩小所选择的一个或多个对象图形，即在 X、Y 和 Z 方向等比例放大或缩小对象，见图 2-39。

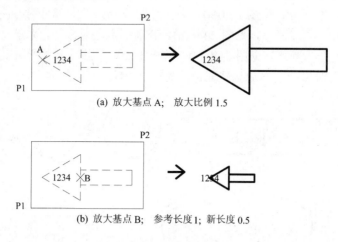

(a) 放大基点 A；　放大比例 1.5

(b) 放大基点 B；　参考长度 1；　新长度 0.5

图 2-39　比例缩放图形对象

命令格式为：

命令：_scale

选择对象：

选择对象：∠

指定基点：

指定比例因子或 [复制(C)/参照(R)] <1.0000>：

构造要比例缩放对象的选择集，并回车确定。需要指定一个基点，即进行缩放时的中心点；然后指定比例因子，这时有三种方式可供选择：

1) 直接指定比例因子：大于 1 的比例因子使对象放大，而介于 0 和 1 之间的比例因子将使对象缩小。

2) 复制：创建要缩放的选定对象的副本。

3) 参照：指定参照长度（缺省为 1），然后再指定一个新的长度，并以新的长度与参照长度之比作为比例因子。

6. 打断 ⬚ 与打断于点 ⬚

打断命令可以把对象上指定两点之间的部分删除，这些对象包括直线、圆弧、圆、多段线、椭圆、样条曲线和圆环等。命令格式为：

命令：_break

选择对象：

指定第二个打断点或 [第一点(F)]：

打断命令要求在某个对象上依次指定两个点作为第一、第二断点，然后擦除两断点间的对象部分，见图 2-40(a)。在擦除圆或圆弧的一部分时，注意以逆时针方向指定第一、第二断点，见图 2-40 (b)。若选择点在对象外，系统从该点向对象作垂线，垂足即为断点，见图 2-40 (c)。若指定点在直线或圆弧等非闭合对象的端点之外，那么对象的这一端就被截掉，见图 2-40 (d)。

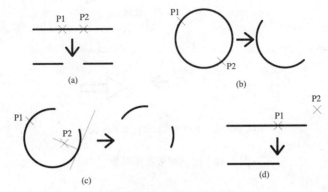

P1：第一断点；P2：第二断点

图 2-40　指定第一、第二断点断开对象

打断于点命令可将图形对象就在断点处被切开，该对象被分为两个对象，像圆这样的闭合单个对象不能作断点操作。对象被切开后，不擦除对象的任何部分，该对象视觉上没有任何变化，但在图形数据库中，它已被分为两个对象。

第二断点和第一断点重合，即在某点将图形对象割开，则可在指定第二断点坐标时输入"@"。或直接使用修改工具栏中的断点 ▢ 图标。

7. 修剪 ⊣⊢

把多段线、圆弧、圆、椭圆、直线、射线、区域、样条曲线、文本以及构造线等作为切割边，去修剪直线、圆弧、圆、多段线、射线以及样条曲线等图形对象。命令格式为：

命令：_trim
当前设置：投影=UCS，边=无
选择剪切边...
选择对象或 <全部选择>：　↙
选择要修剪的对象，或按住 Shift 键选择要延伸的对象，或
[栏选(F)/窗交(C)/投影(P)/边(E)/删除(R)/放弃(U)]：

参见图 2-41，体会对相同对象点取不同位置时的修剪结果。

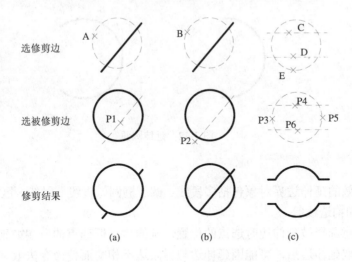

图 2-41　修剪图形对象

说明：

1) 修剪边和被修剪的对象一定要相交，可以是直接相交，也可以是延伸相交。若两者没有直接相交，则应首先在"选择要修剪的对象，按住［Shift］键选择要延伸的对象，或 [投影(P)/边(E)/放弃(U)]："提示下选择 E，然后将其设为可延伸，然后才能继续修剪操作。

2) 如果在第一次要求选择对象时直接按回车，则默认为选择所有显示的对象为剪切边。另外修剪边同时也可作为被修剪边。

3) 注意点取被修剪边时选择点的位置，选择点位置决定被修剪部分的位置。

8. 延伸 ---/

延长选定的直线、圆弧等对象到指定界限边，见图 2-42。命令格式为：

命令：_extend
当前设置：投影=UCS，边=无
选择边界的边...
选择对象或 <全部选择>：
选择对象：↙
选择要延伸的对象，或按住 Shift 键选择要修剪的对象，或
[栏选(F)/窗交(C)/投影(P)/边(E)/放弃(U)]：
选择要延伸的对象，或按住［Shift］键选择要修剪的对象，或
[栏选(F)/窗交(C)/投影(P)/边(E)/放弃(U)]：↙

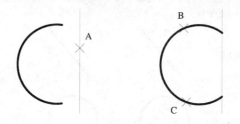

图 2-42　延伸圆弧

说明：

1) 有效的延伸边界对象包括多段线、圆、椭圆、直线、射线、区域、样条曲线、文本和构造线等。

2) 注意选择被延伸边时选点的位置，延伸边靠近选点的一端被延伸。

3) 点取延伸边后，可能因延伸边与界限边不相交而使命令失败。

4) 闭式多段线无法延伸。

5) 如果在第一次要求选择对象时直接按回车，则默认为选择所有显示的对象为延伸边界。在一个延伸命令中，可选择多条界限边，然后，每选中一个被延伸对象后该对象立即被延伸，若有错可以及时采用 Undo 选项取消最近一次延伸，可多次选择被延伸对象。

6) 对象既可以作为界限边也可以作为延伸边。

9. 拉伸 📐

可对对象进行拉伸、压缩、移动或变形。可用于拉伸命令的对象包括圆弧、椭圆弧、直线、多段线线段、射线和样条曲线等。命令格式为：

命令：_stretch
以交叉窗口或交叉多边形选择要拉伸的对象…
选择对象：
选择对象：↙
指定基点或 [位移(D)] <位移>：
指定位移的第二个点或 <用第一个点作位移>：

用交叉窗口的方式来选择对象，对直线、圆弧和多段线所生成的对象，如果将对象全部选中，则该命令相当于移动命令。如果选择了部分对象，则拉伸命令只移动选择范围内的对象的端点，而其他端点保持不变，见图 2-43。

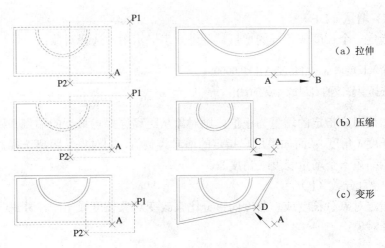

图 2-43　拉伸图形对象

对于其他对象，其定义点在窗口内，则对象产生位移，否则不动。

10. 拉长

菜单：修改 → 拉长

拉长命令用于改变圆弧的角度，改变包括直线、圆弧、非闭合多段线、椭圆弧和非闭合样条曲线等非闭合对象的长度。命令格式为：

命令：_lengthen
选择对象或 [增量(DE)/百分数(P)/全部(T)/动态(DY)]:
当前长度：

选择了某个对象时，系统将显示该对象的长度。
其他选项则给出了四种改变对象长度或角度的方法，见图 2-44。

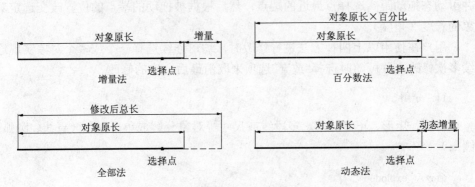

图 2-44　拉长命令的四种方法

(1) 增量（DE）

指定一个长度或角度的增量，并进一步提示用户选择对象：

输入长度增量或 [角度(A)] <0.0000>：

选择要修改的对象或 [放弃(U)]：

如果用户指定的增量为正值，则对象从距离选择点最近的端点开始增加一个增量长度（角度）；而如果用户指定的增量为负值，则对象从距离选择点最近的端点开始缩短一个增量长度（角度）。

(2) 百分数（P）

指定对象总长度或总角度的百分比来改变对象长度或角度，并进一步提示用户选择对象：

输入长度百分数 <100.0000>：

选择要修改的对象或 [放弃(U)]：

如果用户指定的百分比大于 100，则对象从距离选择点最近的端点开始延伸，延伸后的长度（角度）为原长度（角度）乘以指定的百分比；而如果用户指定的百分比小于 100，则对象从距离选择点最近的端点开始修剪，修剪后的长度（角度）为原长度（角度）乘以指定的百分比。

(3) 全部（T）

指定对象修改后的总长度（角度）的绝对值，并进一步提示用户选择对象：

指定总长度或 [角度(A)] <1.0000)>：

选择要修改的对象或 [放弃(U)]：

(4) 动态（DY）

指定该选项后，系统首先提示用户选择拉伸对象，然后打开动态拖动模式，并可动态拖动距离选择点最近的端点，然后根据被拖动的端点的位置改变选定对象的长度（角度）。

用户在使用以上四种方法进行修改时，均可连续选择一个或多个对象实现连续多次修改，并可随时选择"放弃"选项来取消最后一次的修改。

11. 分解

将块、矩形、正多边形、多段线或尺寸等对象分解成单个对象（直线、圆弧、圆…）。

命令：_explode

选择对象：

选择对象：↙

用矩形或正多边形等命令生成的图形是一个对象，使用该命令分解后，矩形或正多边形分解为单根直线。多段线分解为各自独立的直线和圆弧对象，被分解的各段多段线将丢失宽度和切线信息，见图 2-45。

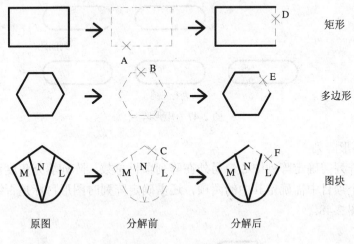

图 2-45　分解图形对象

12. 阵列

阵列就是能按一定的排列方式多重拷贝一组图形目标。按行按列排列的阵列称矩形阵列，按一个圆或圆弧的等分点排列的阵列称环形阵列。

单击阵列图标，系统打开阵列对话框，见图 2-46。

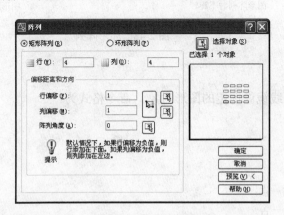

图 2-46　阵列对话框

(1) 矩形阵列

矩形阵列需要指定阵列的行数、列数、行、列偏移的距离与阵列方向角。其中行间矩为正，图形目标向上阵列，反之则向下阵列；若列间距为正，图形目标就向右阵列，反之则向左。阵列可以是单行多列、多行单列与多行多列，见图 2-47。

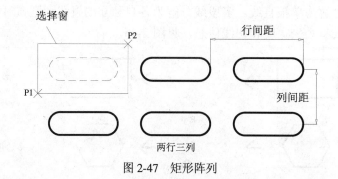

图 2-47　矩形阵列

(2) 环形阵列

环形阵列需确定阵列中心，另外在阵列项目总数、阵列填充角度和阵列项目间角度三个项目中需确定其中的两项，还需确定阵列时图形目标是否绕阵列中心旋转，见图 2-48。

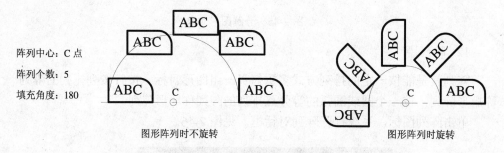

图 2-48　环形阵列

13. 镜像 ⟐

按指定的对称线镜像选定的图形对象。命令格式为：

命令：_mirror
选择对象：
选择对象：↙
指定镜像线的第一点：
指定镜像线的第二点：
是否删除源对象？[是(Y)/否(N)] <N>：

先建立选择集，再指定两点确定镜像对称轴。镜像时可删除原图或保留原图，用户只需键入 Y 或 N 来响应即可，见图 2-49。

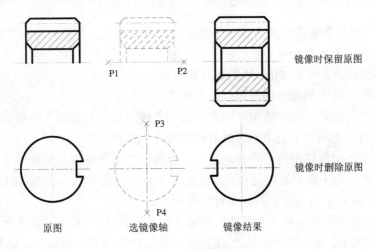

镜像时保留原图

镜像时删除原图

原图   选镜像轴   镜像结果

图 2-49 镜像图形

选择集里若有文本，镜像后变得不可阅读，可用 MIRRTEXT 变量来控制，MIRRTEXT 变量值为 1 时，图形与文本完全镜像；MIRRTEXT 变量值为零时，图形镜像，文本不镜像，见图 2-50。MIRRTEXT 的缺省值为 0，可用 SETVAR 命令改变 MIRRTEXT 的值。

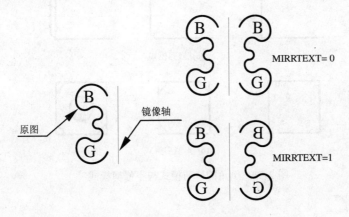

MIRRTEXT= 0

原图   镜像轴

MIRRTEXT=1

图 2-50 MIRRTEXT 参数的使用

14. 倒角

用指定的倒角距离对相交的两直线或多段线作倒角。

命令：_chamfer
（"修剪"模式）当前倒角距离 当前倒角距离 1 = 0.0000，距离 2 = 0.0000

选择第一条直线或 [放弃(U)/多段线(P)/距离(D)/角度(A)/修剪(T)/方式(E)/多个(M)]:

选择第二条直线，或按住 Shift 键选择要应用角点的直线:

倒角可由每条线段的距离或一条线段和角度来确定。七个选项意义如下:

1) 放弃：恢复在命令中执行的上一个操作。

2) 多段线：用于对 Pline 线的所有顶点进行倒角。

3) 距离：设置倒角至选定边端点的距离。

4) 角度：用第一条线的倒角距离和第二条线的角度设置倒角距离。

5) 修剪：选项用于设定是否修剪过渡线段，见图 2-51。

6) 方式：控制使用两个距离还是一个距离一个角度来创建倒角。

7) 多个：为多组对象的边倒角。此时倒角命令将重复显示主提示和"选择第二个对象"提示，直到用户按回车键结束命令。

如果缺省的倒角距离不合要求，要输入倒角距离 d1。系统缺省值为 d2=d1，用户也可以对 d2 输入一个不等于 d1 的值。然后，再调用倒角命令，选择倒角目标。若选取相邻的两条线，系统在两条线的顶点上生成一个倒角；若点选的是一条多段线的相邻两段，就在这两段的顶点生成一个倒角；若输入 P，表示目标为整个多段线，则多段线的每个顶点均生成一个倒角。倒角距离为零时，可使两条不相交的直线变成相交直线。

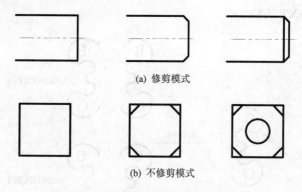

(a) 修剪模式

(b) 不修剪模式

图 2-51　倒角的修剪模式与不修剪模式

15. 倒圆

用于在两个对象间加上一段圆弧或在一条多段线的顶点作圆角。命令格式为:

命令：_fillet

当前模式：模式 = 修剪，半径 = 0.0000

选择第一个对象或 [放弃(U)/多段线(P)/半径(R)/修剪(T)/多个(M)]:

选择第二个对象，或按住 Shift 键选择要应用角点的对象:

各选项的意义与倒角基本相同。若两基本元素（直线、圆和圆弧）没有相交至交点或相交至交点后又延伸出去，用半径为零的倒圆半径可延长对象至交点或删除交点以外的线，使倒圆的两基本对象形成一个角，见图 2-52。

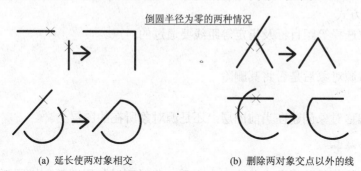

倒圆半径为零的两种情况

(a) 延长使两对象相交　　　　　　　　(b) 删除两对象交点以外的线

图 2-52　圆角半径为零的情况

在拾取倒圆对象时，如果不止一个可能的圆角，选取点的位置决定绘制其中某个圆角，AutoCAD 作最接近选取点的圆角。若要改变圆角半径，需要调用两次倒圆命令，一次给定圆角半径，一次选择倒圆角目标，系统对靠近目标选择点的端点进行截短或延长，生成一条由弧线构成的圆角。

16. 偏移

产生指定直线、圆、圆弧或多段线的等距线，见图 2-53。

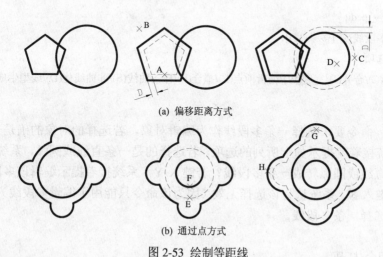

(a) 偏移距离方式

(b) 通过点方式

图 2-53　绘制等距线

命令：_offset

当前设置：删除源=否　　图层=源　　OFFSETGAPTYPE=0

指定偏移距离或 [通过(T)/删除(E)/图层(L)] <通过>：

(1) 距离方位方式

系统要求输入等距线与原来对象之间的距离，以及指定一点来确定等距线在原来图形的哪一边，其中距离必须为正值。

(2) 通过方式

系统要求选择等距目标及指定等距线要通过的一点。

(3) 删除

询问偏移源对象后是否将其删除。

(4) 图层

询问将偏移对象创建在当前图层上还是源对象所在的图层上。

17. 合并 ✦✦

合并命令将相似的对象合并为一个对象，此时可以使用圆弧和椭圆弧创建完整的圆和椭圆。可以合并的对象包括圆弧、椭圆弧、直线、多段线、样条曲线。

命令：_join
选择源对象：
选择要合并到源的直线：

18. 修改多段线

菜单：修改 → 对象 → 多段线

命令：_pedit
选择多段线或 [多条(M)]：
输入选项
[闭合(C)/合并(J)/宽度(W)/编辑顶点(E)/拟合(F)/样条曲线(S)/非曲线化(D)/线型生成(L) /放弃(U)]：

首先，命令要求选择一条多段线作为编辑对象，若选择的对象的确是一条多段线，系统接着就提示如上所列的选项。若选择的是一条直线或圆弧，系统询问，是否将该直线或圆弧转成一条多段线？若键入 Y，系统接着提示编辑该多段线的选项，若键入 N，系统认为该选择无效（因为该命令只能用于编辑多段线），提示用户重新选择一条多段线。

说明：

(1) 闭合/打开

若是一条开式多段线，此处是闭合选项，选此项后，在首末两点增加一线段形成闭式多段线。若是一条闭式多段线，此处是打开选项，选此项后，擦除首末两点间的线段，形成一开式多段线。

(2) 合并

若有一串首尾准确相接的直线或圆弧与当前多段线准确相接，选该选项，可将它们连接成一条新的多段线整体。

(3) 宽度

修改多段线的宽度。

(4) 编辑顶点

对多段线作断开、拉直、移动顶点和插入新顶点等操作，该选项又提供了一组有关多段线顶点编辑的子选项。键入 E 后，系统提示顶点编辑的子选项如下：

输入顶点编辑选项

[下一个(N)/上一个(P)/打断(B)/插入(I)/移动(M)/重生成(R)/拉直(S)/切向(T)/宽度(W)/退出(X)] <N>：

顶点编辑的主要选项意义如下：

1) 下一个(N)/上一个(P)。

进入顶点编辑状态后，系统在当前顶点标有一 X 标记，可用下一个与上一个选项移动 X 标记，定位到要编辑的顶点。

2) 打断（B）。

将一条多段线在两个顶点之间断开。参考图 2-54，首先将当前顶点 X 标记定位在第一断点，然后键入 B 选择打断选项，利用 N 与 P 移动 X 标记到第二断点，然后选执行（G），执行断开操作，两断点之间的多段线就被删除。键入 X，退出打断选项。

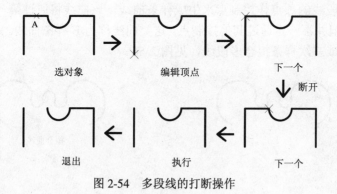

图 2-54　多段线的打断操作

注释：

　　若把多段线的前后两端点选为断点，该命令无效。若是一条闭式多段线，要先删除闭合段，然后再作断开操作。

3) 拉直。

将多段线两顶点间的折线拉为直线。先将当前顶点移至第一拉直点，而后键入 S，然后利用 N 和 P 选中第二拉直点，最后执行 Go 选项，见图 2-55。

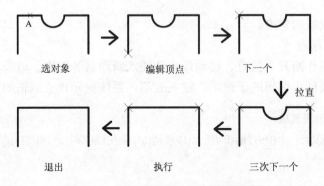

图 2-55　拉直多段线两顶点间的折线

(5) 拟合

在每两个相邻顶点之间增加两个顶点，由此来生成一条光滑的曲线，该曲线由连接各对顶点的弧线段组成。曲线通过多段线的所有顶点并使用指定的切线方向，见图 2-56。

如果原多段线包含弧线段，在生成样条曲线时等同于直线段。如果原多段线有宽度，则生成的样条曲线将由第一个顶点的宽度平滑过渡到最后一个顶点的宽度，所有中间的宽度信息都将被忽略。

(6) 样条曲线

使用多段线的顶点作控制点来生成样条曲线，该曲线将通过第一个和最后一个控制点，但并不一定通过其他控制点。这类曲线称为 B 样条曲线。AutoCAD 可以生成二次或三次样条拟合多段线，见图 2-56。

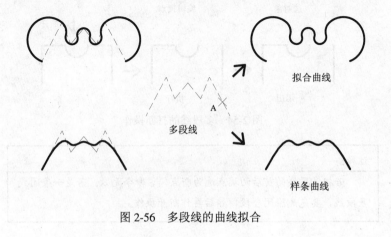

图 2-56　多段线的曲线拟合

(7) 线型生成

如果该项设置为"ON"状态，则将多段线对象作为一个整体来生成线型；如果设置为"OFF"，则将在每个顶点处以点划线开始和结束生成线型。注意，该项不适用于带变宽线段的多段线。

(8) 非曲线化

删除拟合曲线和样条曲线插入的多余顶点，并将多段线的所有线段恢复为直线，但保留指定给多段线顶点的切线信息。

(9) 放弃

取消上一编辑操作而不退出命令。

19. 修改样条曲线

菜单：修改 → 对象 → 样条曲线

命令：_splinedit
选择样条曲线：
输入选项 [拟合数据(F)/闭合(C)/移动顶点(M)/精度(R)/反转(E)/放弃(U)]：

各选项介绍如下：

(1) 拟合数据

拟合数据由所有的拟合点、拟合公差和与样条曲线相关联的切线组成。

(2) 闭合

闭合开放的样条曲线，使其在端点处切向连续。如果样条曲线的起点和端点相同，"闭合"选项使其在两点处都切向连续。对于已闭合的样条曲线，则该项被"打开"所代替，其作用相反。

(3) 移动顶点

重新定位样条曲线的控制顶点并且清理拟合点。

(4) 精度

精密调整样条曲线定义。

(5) 反转

反转样条曲线的方向。该选项主要由应用程序使用。

(6) 放弃：取消上一编辑操作而不退出命令

对于多段线也可使用本命令进行修改，修改前系统会将样条多段线转换为样条曲线对象，但转换后的样条曲线对象没有拟合数据。

20. 修改多线

菜单：修改 → 对象 → 多线…

系统将弹出多线编辑工具对话框，如图 2-57 所示。

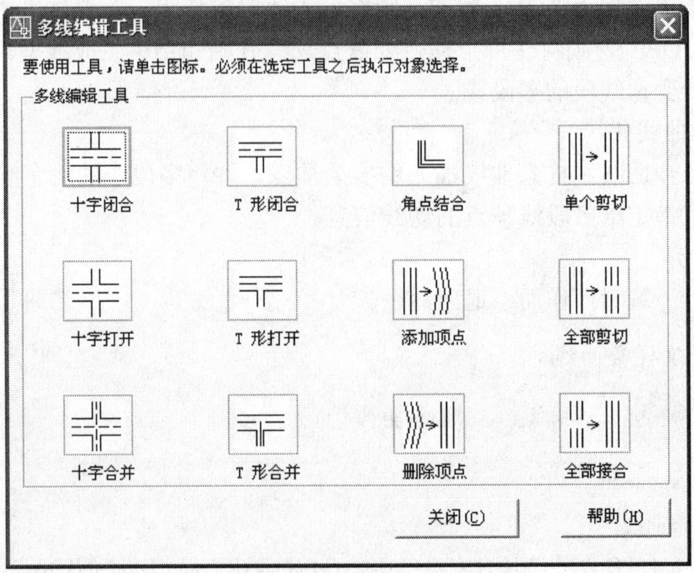

图 2-57　多线编辑工具对话框

用户在该对话框中单击图像控件，则对话框底部将显示其描述。

其中提供了 12 种图像控件，可分别用于处理十字交叉的多线（第一列）、T 形相交的多线（第二列）、处理角点结合和顶点（第三列）、处理多线的剪切或接合（第四列）。

(1) 十字闭合

在两条多线之间创建闭合的十字交叉。

(2) 十字打开

在两条多线之间创建开放的十字交叉。AutoCAD 打断第一条多线的所有元素以及第二条多线的外部元素。

(3) 十字合并

在两条多线之间创建合并的十字交叉，操作结果与多线的选择次序无关。

(4) T 形闭合

在两条多线之间创建闭合的 T 形交叉。AutoCAD 修剪第一条多线或将它延伸到与第二条多线的交点处。

(5) T 形打开

在两条多线之间创建开放的 T 形交叉。AutoCAD 修剪第一条多线或将它延伸到与第二条多线的交点处。

(6) T 形合并

在两条多线之间创建合并的 T 形交叉。AutoCAD 修剪第一条多线或将它延伸到与第二条多线的交点处。

(7) 角点结合

在两条多线之间创建角点结合。AutoCAD 修剪第一条多线或将它延伸到与第二条多线的交点处。

(8) 添加顶点

向多线上添加一个顶点。

(9) 删除顶点

从多线上删除一个顶点。

(10) 单个剪切

剪切多线上的选定元素。

(11) 全部剪切

剪切多线上的所有元素并将其分为两个部分。

(12) 全部接合

将已被剪切的多线线段重新接合起来。

2.5.4　AutoCAD 夹点编辑

前面已介绍了 AutoCAD 的大部分编辑命令，本节将介绍运用夹点控制的自动编辑方法。

1. 夹点简介

为了便于控制和操纵对象，AutoCAD 在每个对象上都设置有一个或几个夹点。夹点有打开和关闭两种状态，由系统变量 GRIPS 控制，GRIPS 是 1（缺省值），为打开状态。在出现"命令："提示时，选择对象，夹点以蓝色的实心小方框的形式出现在对象上。基本对象的夹点见图 2-58。

图形对象依次为直线、圆弧、圆、块、点、多线段线、圆环、文本、椭圆、多边形、矩形、尺寸。

直线的夹点为中点和端点，若在某个夹点上点击一下，该夹点就被精确地选中，并以红色填充夹点框来区别其他夹点，该夹点称为"热点"，此时，系统进入自动编辑模式，"热点"就是自动编辑模式操纵对象的基点。

当对象及一个夹点被选中成"热点"后，自动编辑模式有效，它是一组特别的编辑命令，下面简要介绍这些编辑模式。

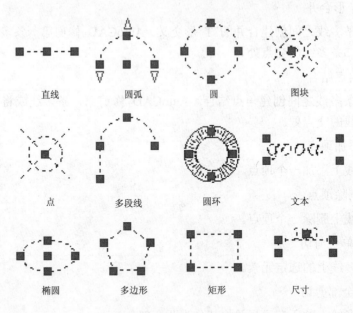

图 2-58　图形对象的夹点

(1) 拉伸模式

可以通过将选定夹点移动到新位置来拉伸对象。文字、块参照、直线中点、圆心和点对象上的夹点将移动对象而不是拉伸它，这是移动块参照和调整标注的好方法。对象上的"热点"被移至新的位置，而对象上的其他部分位置不变，事实上对象被拉压以至形状和大小都已改变。对象上有不同的夹点，有的热点使对象在拉伸模式下移动。

(2) 移动模式

可以通过选定的夹点移动对象，将对象从一个位置移动到另一个新位置。选定的对象被亮显并按指定的下一点位置移动一定的方向和距离

(3) 旋转模式

可以通过拖动和指定点位置来绕基点旋转选定对象，还可以输入角度值。这是旋转块参照的好方法。

(4) 比例缩放模式

可以相对于基点缩放选定对象。通过从基夹点向外拖动并指定点位置来增大对象尺寸，或通过向内拖动减小尺寸，也可以为相对缩放输入一个值。

(5) 镜像模式

可以沿临时镜像线为选定对象创建镜像，此时打开"正交"有助于指定垂直或水平的镜像线。

2. 自动编辑模式

AutoCAD 的自动编辑模式有以下几个共同点：

在"命令："提示下，当对象及一个夹点被选中为"热点"后，系统即进入自动编辑状态。可直接键入自动编辑模式名的前两个字母，来选择这种自动编辑方式；也可按回车或空格键，按照拉伸 → 移动 → 旋转 → 比例 → 镜像的次序，在这五种自动编辑方式中切换；还可以按鼠标右键在快捷菜单中选择。

若在执行某种自动编辑模式时，欲进行拷贝，可使用系统提供的复制选择项，或在输入第二点的同时按住［Shift］键。

直接使用这些操作命令时系统自动以基夹点为操作基点（起点），操作过程与相应的 AutoCAD 命令类似。

此外，这些操作命令还提供了其他一些选项，其具体功能如下：

(1) 基点

该选项要求用户重新指定操作基点（起点），而不再使用基夹点。

(2) 复制

该选项可以在进行对象编辑时，同一命令可多次重复进行并生成对象的多个副本，而原对象不发生变化。

(3) 放弃

在使用 Copy 选项进行多次重复操作时可选择该选项取消最后一次的操作。

(4) 退出

退出编辑操作模式，相当于按 [Esc] 键。

2.6　绘制和编辑图形实例

利用 AutoCAD 的绘图编辑工具可以绘制任何平面图形。对于复杂的图形对象，则可将其分成几个简单的部分，然后进行分别绘制。

2.6.1　分别创建纵向放置和横向放置个人用的 A4 样板图

本例通过编辑样板图 my_a3.dwt，来创建一张纵向放置的 A4 样板图（图纸界限 210×297），一张水平放置的 A4 样板图（图纸界限 297×210）。本例的要点是建立对象选择集，练习对图形对象的移动、延伸、修剪和分解等图形编辑操作。

step1. 打开样板图 my_a3.dwt

单击 ，检索打开 my_a3.dwt，缺省路径为"AutoCAD 2006 / Template / my_a3.dwt"。

step2. 编辑绘制 A3 图纸的图纸界限边框、图框和标题栏

1) 分解图纸界限边框的细实线矩形和图框的粗实线矩形。

单击修改工具栏的分解图标 ![icon]，选择两矩形，回车。

2) 将右下角的标题栏、右边框和右边界线向左平移 210。

单击修改工具栏的移动图标 ![icon]，用 C 窗选择标题栏、右边框和右边界线，见图 2-59。即在系统要求"选择对象："时，先拾取 P1 点，再拾取 P2 点，然后回车。

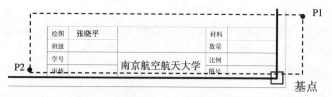

图 2-59　建立移动命令的选择集

打开"对象捕捉"标签，捕捉图纸界限右下角为移动基点。

指定位移的第二点或 <用第一点作位移>：　　#210,0↙

移动结果如图 2-60 所示。

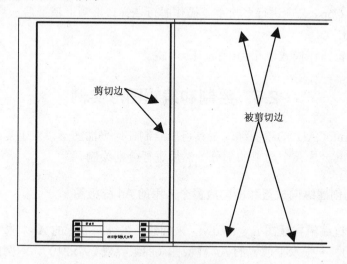

图 2-60　修剪边框

3) 修剪图纸右下角和右上角，见图 2-60。

单击修改工具栏的修剪图标 ![icon] 。

逐个点选右边框和右边界线作为剪切边，并回车。

逐个点选需剪切的边，并回车。

step3. 更改图纸界限为 210×297

格式 → 图形界限

重新设置模型空间界限：
指定左下角点或 [开(ON)/关(OFF)] <0.0000,0.0000>：✓
指定右上角点 <420.0000,297.0000>：#210,297✓

step4. 保存为样板文件（.dwt）

文件 → 另存为…

输入文件名：my_a4_v.dwt

step5. 创建水平放置的样板图 my_a4_h.dwt

1) 移动右边框、右边界线和标题栏。移动基点（210,0），目标点（297,0）。
单击修改工具栏的移动图标✛。系统提示：

选择对象：用 C 窗建立移动选择集（包括右边框、右边界线和标题栏），回车。
指定基点或 [位移(D)] <位移>：捕捉图纸界限右下角点。
指定位移的第二点或 <用第一点作位移>：#297,0✓

2) 移动上边框、上边界线，移动基点（0，297），目标点（0，210）。
单击修改工具栏的移动图标✛。系统提示：

选择对象：用 C 窗选择上边框、上边界线，回车。
指定基点或 [位移(D)] <位移>：捕捉图纸界限左上角点。
指定位移的第二点或 <用第一点作位移>：#0,210✓

3) 延伸和修剪边框和边界线。
单击修改工具栏的延伸图标╌╱。
逐个点选右边框和右边界线作为边界边，并回车。
逐个点选要延伸的边，并回车。
单击修改工具栏的修剪图标╱╌。
逐个点选上边框和上边界线作为剪切边，并回车。
逐个点选需剪切的边，并回车。
4) 更改图纸界限为 297×210。

格式 → 图形界限

重新设置模型空间界限：

指定左下角点或 [开(ON)/关(OFF)] <0.0000,0.0000>：↙
指定右上角点 <420.0000,297.0000>：297,210↙

5) 保存为样板文件（.dwt）。

文件 → 另存为…

输入文件名：my_a4_h.dwt

2.6.2   绘制禁止停车标志

本例用于绘制如图 2-61 所示的禁止停车标志。本例的要点是图层操作，练习绘制多段线和移动、延伸、镜像等图形编辑操作。

step1. 创建新图形文件

启动 AutoCAD 2006 系统，以"my_a4_v.dwt"为样板建立新的图形文件。

图 2-61

step2. 创建图层

在对象特性工具栏点击图层图标 ≋，在图层特性管理器中，新建圆环、直线和文字三个图层，并将圆环图层设为当前层。其图层特性的设置见图 2-62。

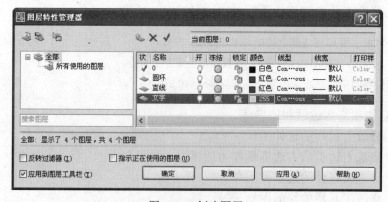

图 2-62   创建图层

step3. 标志图形绘制

(1) 在圆环图层上绘制圆环

菜单：绘图 →圆环

指定圆环的内径 <0.5000>：100↙

指定圆环的外径 <1.0000>：120↙

指定圆环的中心点或 <退出>：在图纸中间拾取一点作为圆环中心，并回车。

(2) 在文字图层写字

1) 在对象特性工具栏的下拉列表中选文字图层，文字图层即被设为当前层。

2) 单击绘图工具栏的文字图标 **A**，在多行文字编辑器的字符选项页，字体选 Times New Roman,字高 80，键入大写字母 "P"。

3) 单击修改工具栏的移动图标 ✛，移动字母 P 到圆环的中心。

(3) 在直线图层画一对相交线

1) 在对象特性工具栏的下拉列表中选直线图层，直线图层即被设为当前层。

2) 单击绘图工具栏的多段线图标 ⤵。系统提示：

指定起点：捕捉圆环的圆心。

指定下一点或 [圆弧(A)/闭合(C)/半宽(H)/长度(L)/放弃(U)/宽度(W)]：W↙

指定起点宽度 <10.0000>：6↙

指定端点宽度 <6.0000>：↙

指定下一个点或 [圆弧(A)/半宽(H)/长度(L)/放弃(U)/宽度(W)]：@55<45↙

指定下一点或 [圆弧(A)/闭合(C)/半宽(H)/长度(L)/放弃(U)/宽度(W)]：↙

3) 单击修改工具栏的延伸图标 ⤙。系统提示：

选择边界的边...

选择对象：选择圆环，并回车。

选择要延伸的对象，按住 [Shift] 键选择要修剪的对象，或 [投影(P)/边(E)/放弃(U)]：选直线靠圆心的一端，让其向左下方延伸至圆环，回车。

4) 单击修改工具栏的镜像图标 ⁌⁍。系统提示：

选择对象：选择多段线，回车。

指定镜像线的第一点：捕捉圆环的圆心。

指定镜像线的第二点：打开 "正交"，拾取垂直镜像轴的第二点。

是否删除源对象？[是(Y)/否(N)] <N>：↙　　（保留源直线）

step4. 填写标题栏并保存文件

单击绘图工具栏的文字图标 **A**，在标题栏内写入信息，并保存图形。

2.6.3　绘制挂轮架图形

本例用于绘制如图 2-63 所示的挂轮架.本例的要点是如何综合运用 AutoCAD 的绘图工具和编辑工具，解决实际应用中几何作图的圆弧连接问题。

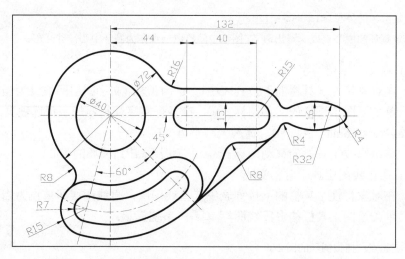

图 2-63　挂轮架草图

step1. 创建新图形文件

启动 AutoCAD 2006 系统，以"my_a4_h.dwt"为样板建立新的图形文件。

step2. 创建图层

在对象特性工具栏点击图层图标 ，在图层特性管理器中，新建如下图层：

图层名	颜色	线型	线宽
粗实线	白	continuous	0.30
中心线	红	center	0.13
虚　线	黄	dashed	0.13
尺　寸	白	continuous	0.13
文　字	白	continuous	0.13

设置中心线层的线型时，可能需要载入线型。点按［加载…］，系统弹出加载或重载线型对话框，选择全部线型，按［确定］即返回线型管理器对话框。

在线型管理器对话框中选择 center 线型。按［确定］即返回图层特性管理器对话框。

在图层特性管理器对话框中点按［显示细节］，将"全局比例因子"更改为0.5，点按［确定］。

step3. 重新保存带有图层设置的样板文件，避免以后重复进行图层定义操作

文件 → 另存为…

文件类型：选"dwt"，文件名：my_a4_h.dwt。

step4. 绘制定位基准线（图 2-64）

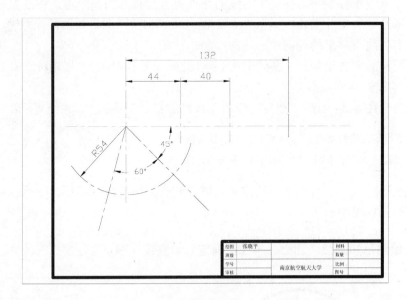

图 2-64

1) 在图层控件下拉列表将中心线层设为当前层，打开"正交"。
2) 在屏幕上合适位置直接拾取两点，绘制挂轮架的水平中心线。
3) 使用偏移工具从左至右分别画另三条竖直中心线。
① 直接在屏幕上合适位置拾取两点绘制第一条竖直中心线。
② 绘制第二条竖直中心线。
单击修改工具栏的偏移图标 。系统提示：

指定偏移距离或 [通过(T)] <通过>：44↙
选择要偏移的对象或 <退出>：选择第一条竖直中心线。
指定点以确定偏移所在一侧：在第一条竖直中心线的右侧任意一点单击。
选择要偏移的对象或 <退出>：↙

③ 以同样的方式绘制第三、四条竖直中心线，偏移距离分别为 84 和 132。
用夹点编辑方式调整各中心线的长短。即在命令窗口为"命令："提示时，点取直线对象，此时，直线显示夹点，点取端点夹点或中点夹点，可灵活调整直线长度或移动直线。
4) 绘制与水平中心线成−45°的一条径向中心线，和与该线成60°的另一条径向中心线。

打开"极轴"，单击鼠标右键选"设置…"，在草图设置对话框的极轴追踪标签页，在增量角下拉列表中选 15，极轴角测量为"绝对"，点按［确定］。

单击直线图标 ✐，捕捉中心线的交点为所绘直线的起始点，移动鼠标，待系统显示追踪矢量并工具栏提示为"极轴：… <315*"时，单击鼠标左键，完成与水平中心线成–45°的径向中心线的绘制。

以同样的方式绘制另一条径向中心线，此时工具栏提示为"极轴：… <255*"。

5) 绘制圆弧中心线。

先画半径为 54 的圆，然后用修改工具栏的打断工具 ▭。系统提示：

选择对象：选择圆弧，该选择点也就是第一断点。

指定第二个打断点或 [第一点(F)]：指定第二断点。

系统删除从第一断点逆时针旋转到第二断点的圆弧段。所以，要注意拾取两个断点的先后顺序。

step5. 绘制已知圆弧（圆心、半径已确定）和直线（图 2-65）

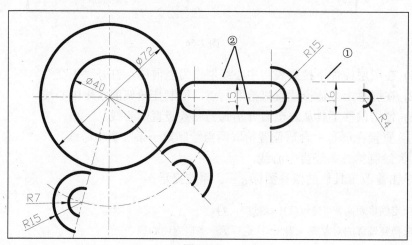

图 2-65

1) 绘制 $\phi40$、$\phi72$ 两圆。

2) 其余 R7（2 个）、R15（3 个）、R7.5（2 个）、R4（1 个）共 8 个半圆弧，均为先画圆，然后用中心线修剪所得。

3) 绘制图示①处距离为 16 的平行线。

使用修改工具栏的偏移图标 ▱，由中心线向两边各偏移 8。

4) 打开"对象捕捉"，绘制图示②处的上下两根直线。

step6. 绘制中间弧和直线（图 2-66）

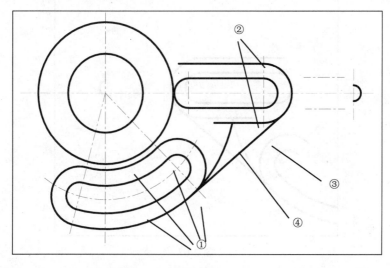

图 2-66

1) 绘制图示①处四段圆弧。

打开"对象捕捉"，单击画圆弧图标 ⌒ ，系统提示：

指定圆弧的起点或 [圆心(C)]：_c↙

指定圆弧的圆心：捕捉圆心

指定圆弧的起点：捕捉圆弧起始点。

指定圆弧的端点或 [角度(A)/弦长(L)]：捕捉圆弧端点。

系统从圆弧起始点逆时针绘制到圆弧端点。所以，要注意拾取两个点的先后顺序。

图示①处的另三段圆弧用同样方法绘制。

2) 绘制②处两根直线，从右向左画，先捕捉右端点，大致确定直线长度。

3) 用修改工具栏的延伸图标 ⊸/ 向右延伸④处最外一根大圆弧。

4) 绘制③处的相切直线。

单击直线图标 ✐ ，系统要求输入直线起点，单击对象捕捉工具栏的捕捉切点图标 ◯ ，系统捕捉光标变成 ◌... ，在所绘直线要相切的圆弧处点击。同样以切点捕捉的方式捕捉直线终点，即可绘制与两圆弧相切的直线。

step7. 绘制挂轮架的右端弧（图 2-67）

用切点、切点、半径方式画圆。

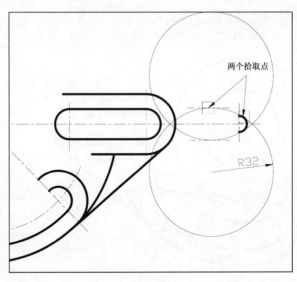

图 2-67

单击画圆图标 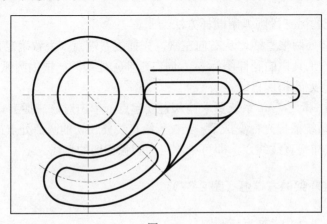，系统提示：

指定圆的圆心或 [三点(3P)/两点(2P)/相切、相切、半径(T)]：_t✓

指定对象与圆的第一个切点：拾取要相切的右端小圆弧。

指定对象与圆的第二个切点：拾取要相切的直线。

指定圆的半径 <20.0000>：32✓

用同样的方法绘制另一个圆。

step8. 修剪挂轮架的右端（图 2-68）

使用修剪工具修剪，其中右端小圆弧、两根平行线和两个圆都应选作剪切边。

图 2-68

step9. 用切点、切点、半径方式画三个连接弧圆（图 2-69）

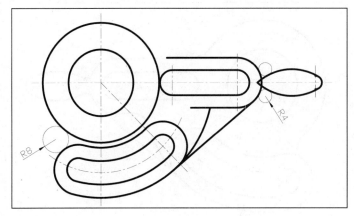

图 2-69

step10. 修剪前一步所绘制的连接弧圆，并使用倒圆工具绘制其余各连接弧，最
　　　　后绘制结果见图 2-70

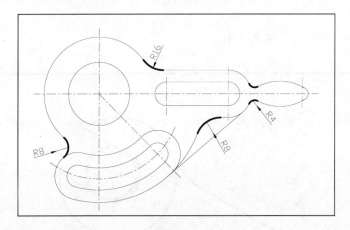

图 2-70

其中半径 R16 的倒圆操作介绍如下：

单击倒圆图标 　，系统提示：

当前模式：模式 = 修剪，半径 = 10.0000
选择第一个对象或 [放弃(U)/多段线(P)/半径(R)/修剪(T)/多个(M)]：<u>r↙</u>
指定圆角半径 <10.0000>：<u>16↙</u>
选择第一个对象或[放弃(U)/多段线(P)/半径(R)/修剪(T)/多个(M)]：选择第一个连接的对象
选择第二个对象：选择第二个需连接的对象

step11. 调用"另存为"命令将图 2-71 的图形保存为"挂轮架.dwg"

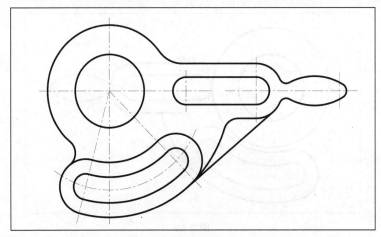

图 2-71

上 机 练 习

1. 绘制扳手图形，见图 2-72。

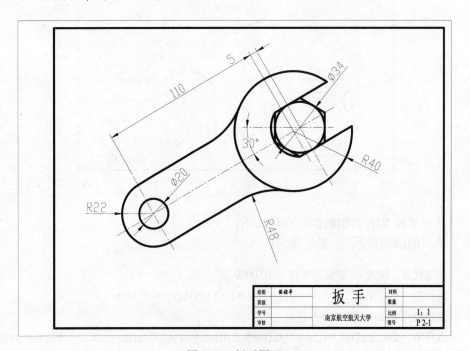

图 2-72   扳手图形

step1. 创建新图形文件

启动 AutoCAD 2006 系统，以"my_a4_h.dwt"为样板建立新的图形文件。

step2. 创建图层，并保存到该样板文件

在对象特性工具栏点击图层图标 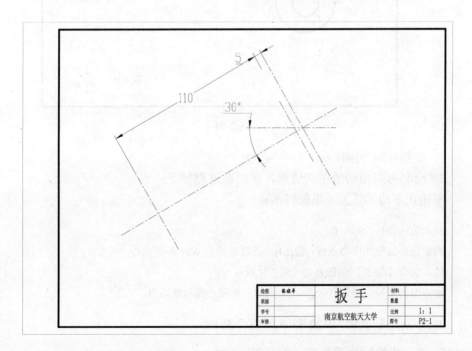，在图层特性管理器中，新建如下图层：

图层名	颜色	线型	线宽
粗实线	白	continuous	0.30
中心线	红	center	0.13
虚　线	黄	dashed	0.13
尺　寸	白	continuous	0.13
文　字	白	continuous	0.13

step3. 设置中心线层为当前层，并在中心线层绘制定位基准线（图 2-73）

图 2-73

1）绘制倾角为 30°的对称线。

直线的始点在屏幕上合适位置拾取，系统提示输入终点坐标时，输入相对坐

标 "@200<30"。

2) 绘制右上方第一根垂直于倾角为 30°的对称线的中心线。

直线的始点在屏幕上合适位置拾取，系统提示输入终点坐标时，输入相对坐标 "@100<–60"。

3) 用偏移工具绘制另两根中心线，偏移距离分别为 5 和 115。

step4. 绘制已知图形对象（图 2-74）

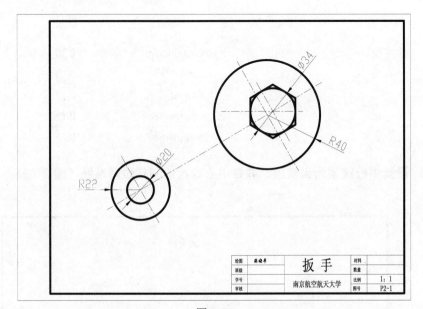

图 2-74

1) 绘制 $\phi34$ 的圆。

2) 绘制与圆相切的正六边形，其绘制过程如下：

单击正多边形 ⬡，系统提示：

输入边的数目 <4>: 6↙

指定正多边形的中心点或 [边(E)]: 拾取直径为 $\phi34$ 圆的圆心。

输入选项 [内接于圆(I)/外切于圆(C)] <I>: c↙

指定圆的半径: 拾取直径为 $\phi34$ 圆的左象限点或右象限点。

3) 分别绘制 R40、R22 和 $\phi20$ 三个圆。

step5. 进一步绘制扳手头部（图 2-75）

1) 分解正多边形。

2) 向右上方延伸正多边形的两条边至半径为 R40 的大圆。

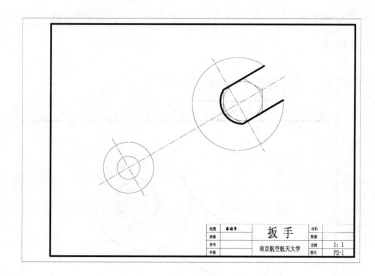

图 2-75

3) 修剪正多边形两条边中间 R40 的大圆弧。

4) 用三点画圆弧的方式画扳手槽的圆弧。

step6. 进一步绘制扳手的把手（图 2-76）

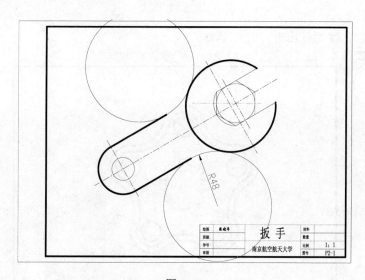

图 2-76

1) 用修剪工具剪去扳手把手端部的右半个圆。

2) 拾取半圆的上、下两个端点绘制把手的两根直线，用偏移工具或相对坐标画直线方式都可以。

3) 用切点、切点、半径方式绘制半径为 R48 的连接弧圆。

step7. 修剪连接弧

step8. 填写标题栏，并保存扳手图形（图 2-77）

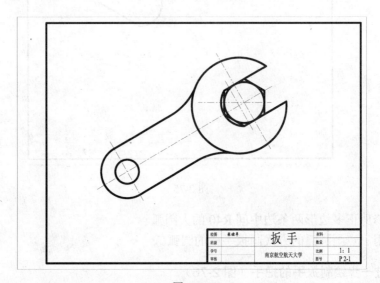

图 2-77

2. 绘制花键槽板图形，见图 2-78。

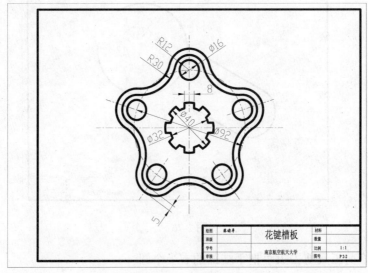

图 2-78   花键槽板草图

step1. 以 "my_a4_h.dwt" 为样板建立新的图形文件

step2. 在中心线图层绘制定位基准线（图 2-79）

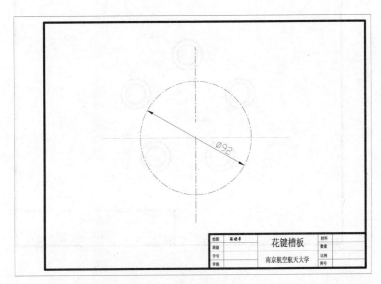

图 2-79

step3. 将粗实线层设为当前层，绘制已知圆（图 2-80）

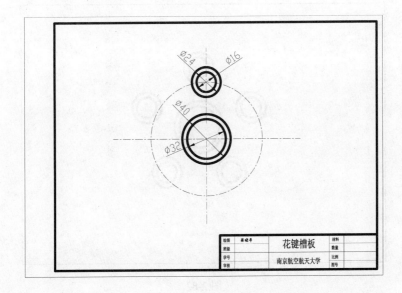

图 2-80

step4. 环形阵列两小圆，阵列项目 5 个，阵列角 360°，阵列结果见图 2-81

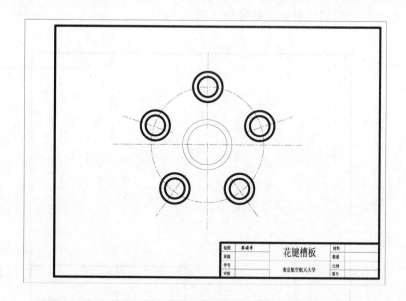

图 2-81

step5. 用切点、切点、半径方式画 R30 的连接弧圆，并进行环形阵列（图 2-82）

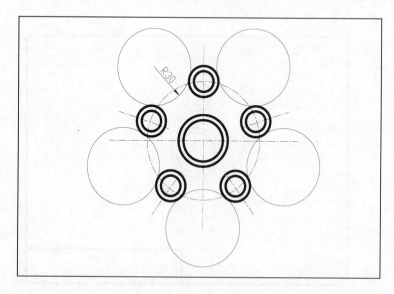

图 2-82

step6. 修剪外圈圆弧，修剪结果见图 2-83

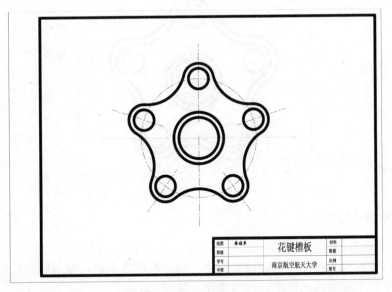

图 2-83

step7. 将外圈的 10 段圆弧转换成一条多段线

修改 → 对象 → 多段线

系统提示：

选择多段线或 [多条(M)]：选取外圈上任意一条圆弧

选定的对象不是多段线

是否将其转换为多段线？<Y> ∠

输入选项[闭合(C)/合并(J)/宽度(W)/编辑顶点(E)/拟合(F)/样条曲线(S)/非曲线化(D)/线型生成(L)/放弃(U)]：j∠

选择对象：按顺时针顺序依次选择外圈的另外 9 条圆弧

选择对象：∠

9 条线段已添加到多段线

输入选项[打开(O)/合并(J)/宽度(W)/编辑顶点(E)/拟合(F)/样条曲线(S)/非曲线化(D)/线型生成(L) /放弃(U)]：∠

step8. 偏移外圈多段线，偏移距离为 5（图 2-84）

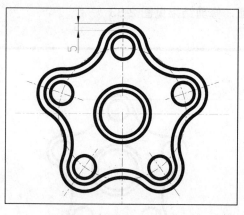

图 2-84

step9. 绘制花键槽

(1) 绘制花键槽的两侧边线。

先在竖直中心线的一侧偏移竖直中心线,再用两圆对该偏移线进行修剪,并将其移至粗实线层,然后进行镜像操作,见图 2-85。

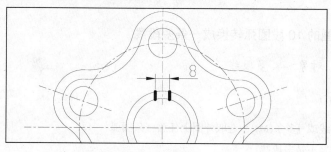

图 2-85

(2) 环形阵列花键槽的两侧边线,阵列项目 8 个,阵列角 360°,阵列结果见图 2-86。

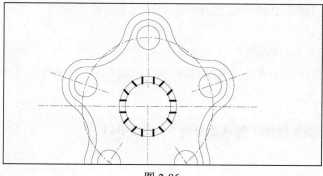

图 2-86

(3) 修剪花键槽，修剪结果见图 2-87。

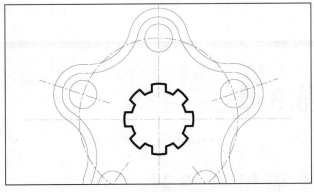

图 2-87

step10. 保存花键槽板（图 2-88）

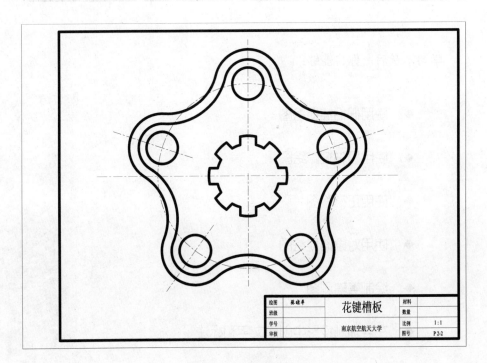

绘图	张晓平	花键槽板	材料	
班级			数量	
学号		南京航空航天大学	比例	1:1
审核			图号	P 2-2

图 2-88   花键槽板图

第 3 章

平面图形绘制

学习本章后，你将能够：

◆ 使用栅格捕捉绘图

◆ 使用极轴追踪绘图

◆ 使用正交绘图

◆ 使用对象捕捉绘图

◆ 绘制等轴测图

◆ 在等轴测投影中创建文字和标注

◆ 绘制物体的三视图

◆ 绘制图案

3.1　AutoCAD 精确绘图

3.1.1　栅格与捕捉

栅格点覆盖图形界限的整个区域，使用栅格类似于在一张坐标纸上绘图。利用栅格可以对齐对象并直观显示对象之间的距离。栅格不被打印。如果放大或缩小图形，可能需要调整栅格间距，使其适合新的放大比例。

捕捉模式用于限制十字光标，使其按照用户定义的间距移动。当"捕捉"模式打开时，光标总是附着或捕捉栅格点。因此捕捉模式有助于使用鼠标在屏幕上精确地定位点。

1. 打开/关闭栅格和捕捉

1) 单击状态栏上的"捕捉"与"栅格"标签进行切换。
2) 用功能键 [F7] 切换"栅格"的开和关，[F9] 切换"捕捉"的开和关。

2. 改变栅格和捕捉的间距

1) 工具 → 草图设置…
2) 在状态栏上除"正交"和"模型"以外的任一标签处单击鼠标右键，选"设置…"选项。系统都会打开草图设置对话框，见图 3-1。点击捕捉与栅格标签，可进行相关的各种设置。要使用栅格捕捉模式绘图，必须选中"栅格捕捉"单选钮。

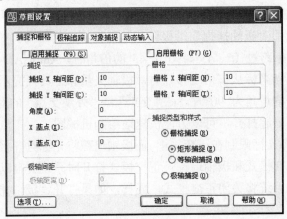

图 3-1　捕捉栅格

捕捉间距没有必要与栅格间距相匹配。例如，可设置较宽的栅格间距用作参考，但使用较小的捕捉间距可以保证定位点时的精确性。

3. 改变捕捉角度和基点

如果需要沿特定的对齐或角度绘图，可以改变捕捉角度。设置基点和捕捉角度后，栅格绕基点也发生相应的旋转。绘图的十字光标线在屏幕上与新的栅格对齐。

3.1.2 正交

AutoCAD 提供了与绘图人员的丁字尺类似的绘图和编辑工具。创建或移动对象时，使用"正交"模式将使光标限制在水平或垂直轴上。

单击状态栏上的"正交"标签或用功能键 [F8] 可进行"正交"的打开和关闭切换。

正交对齐方向取决于当前的捕捉角度或栅格捕捉类型（矩形捕捉、等轴测捕捉）的设置。

在绘图和编辑过程中，可随时打开或关闭"正交"。使用"正交"不仅可以建立垂直和水平对齐，还可以创建某个图形对象的平行偏移。因此，通过施加正交约束，可以提高绘图速度。

移动光标时，定义位移的拖引线沿水平轴还是垂直轴，取决于哪个轴离光标最近。

正交模式下，在命令行输入坐标值或指定对象捕捉将替代正交模式。

3.1.3 极轴追踪和极轴捕捉

创建或修改对象时，可使用由"极轴追踪"的极轴增量角所显示的临时极轴矢量，还可以使用"极轴捕捉"沿极轴矢量捕捉指定的距离。如果设置了 45°极轴增量角，当光标跨过 0°、45°、90°等 45°的倍角时，AutoCAD 将显示极轴矢量和工具栏提示。当光标从该角度移开时，极轴矢量和工具栏提示消失。

当默认极轴增量角为 90°时，将"交点"或"外观交点"的对象捕捉、"极轴"和"对象追踪"一起打开，可以方便快速地绘制机械图。

正交模式将光标限制在正交轴上。而极轴追踪将光标对齐极轴增量角。因此，不能同时打开正交模式和极轴追踪，正交模式打开时系统会自动关闭极轴追踪。打开极轴追踪，系统将关闭正交模式。同样，如果打开"极轴捕捉"，"捕捉"模式将自动关闭。

1. 指定极轴追踪的极轴增量角

可以使用"极轴追踪"沿着 90°、45°、30°、22.5°、18°、15°、10° 和 5°的

极轴增量角进行追踪，也可以指定其他角度。0 方向取决于在绘图单位对话框中设置的角度。捕捉的方向（顺时针或逆时针）取决于设置测量单位时指定的单位方向。

2. 指定极轴捕捉的极轴距离

极轴追踪将光标移动限制在指定的极轴距离增量上。例如，如果指定 4 个单位的长度，光标将自指定的第一点捕捉 0、4、8、12、16 长度，等等。移动光标时，工具栏将提示指示最接近的极轴捕捉增量。必须在"极轴追踪"和"极轴捕捉"模式同时打开时，才能将点输入限制为极轴距离。

3. 设置极轴捕捉距离的步骤

1) 从"工具"菜单中选择"草图设置"。
2) 在"草图设置"对话框的"捕捉和栅格"选项卡上，选择"启用捕捉"。
3) 在"捕捉类型和样式"中，选择"极轴捕捉"。
4) 在"极轴间距"下，输入极轴距离。
5) 选择"极轴追踪"选项卡（图 3-2），并选择"启用极轴追踪"。
6) 从"增量角"列表中选择角度。
7) 选择"确定"。

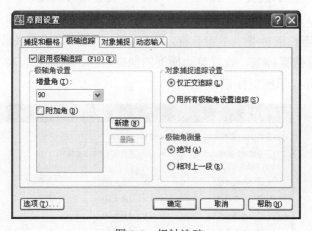

图 3-2　极轴追踪

4. 使用极轴追踪绘制对象的步骤

1) 打开捕捉和极轴追踪。
2) 确认在"草图设置"对话框的"捕捉和栅格"选项卡上选择了"极轴捕捉"。
3) 启动一个绘图命令，如绘制直线命令。

4) 移动光标时，会发现极轴追踪矢量显示指示距离和角度的工具栏提示。

5) 指定一点。

6) 新直线的长度与极轴追踪距离一致。

3.1.4 对象捕捉和对象追踪

对象捕捉是 AutoCAD 中最为重要的工具之一，使用对象捕捉可以精确定位。用户在绘图过程中直接利用光标来准确地确定目标点，如圆心、端点、垂足等等。

在 AutoCAD 中，可随时通过如下方式打开对象捕捉模式：

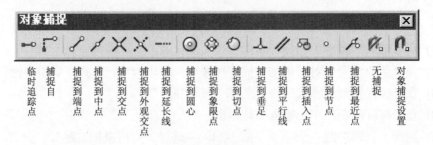

图 3-3 对象捕捉工具栏

1) 使用"对象捕捉"工具栏（图 3-3），设置临时捕捉。

2) 按［Shift］键的同时单击右键，弹出快捷菜单，设置临时捕捉。

3) 在状态栏的标签上单击右键，选"设置…"选项，在草图设置对话框里（图3-4），选对象捕捉标签，设置自动捕捉的捕捉目标，系统将自动判断符合捕捉设置的目标点并显示捕捉标记。

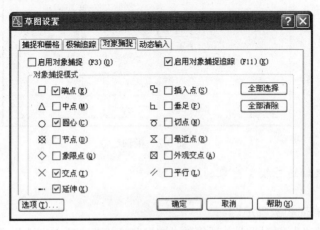

图 3-4 自动对象捕捉设置

对象追踪应与对象捕捉配合使用，执行绘图或编辑命令时，光标在对象捕捉点上暂停可从该点追踪，当移动光标时会显示追踪矢量，在该点再次暂停可停止追踪。

3.1.5　动态输入

动态输入是 AutoCAD 2006 新增加的一个重要功能，它在光标附近提供了一个命令界面，以帮助用户专注于绘图区域。启用"动态输入"时，工具栏提示将在光标附近显示信息，该信息会随着光标移动而动态更新。当某条命令为活动时，工具栏提示将为用户提供输入的位置。动态输入不会取代命令窗口。

单击状态栏上的"Dyn"标签或用功能键［F12］可进行"动态输入"的打开和关闭。

"动态输入"有三个组件：指针输入、标注输入和动态提示。在"Dyn"上单击鼠标右键，然后单击"设置"，则打开动态输入设置对话框，如图 3-5 所示，以控制启用"动态输入"时每个组件所显示的内容。

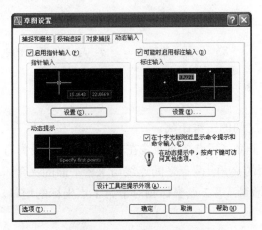

图 3-5　动态输入设置

3.1.6　点过滤

X/Y/Z 点过滤可滤出一个已存在点的某个坐标信息。假若新指定的点应和一个已存在的点的 Y 值相等，在系统要求指定新点时，首先确定用 X/Y/Z 过滤的 Y 值过滤，此时系统要求选取一点供过滤，指定已存在点，该点的 Y 值就被系统拾取，要确定新点还需 X、Z 值，系统提示要求输入，给定 X、Z 值后，系统就可得到该点。

3.2　AutoCAD 图形信息查询

3.2.1　查询点坐标

列出指定点在 UCS 中的三维坐标值。

菜单：工具 → 查询 → 点坐标

3.2.2　查询距离

测量指定两点之间的距离，两点连线的方位角及坐标差。

菜单：工具 → 查询 → 距离

调用查询距离命令后，根据提示分别指定第一点和第二点，查询结果如下：

命令：'_dist
指定第一点：
指定第二点：

| 距离 = | XY 平面中的倾角 = | 与 XY 平面的夹角 = |
| X 增量 = | Y 增量 = | Z 增量 = |

其中：
1) 距离，两点之间的三维距离。
2) XY 平面中倾角，两点之间连线在 XY 平面上的投影与 X 轴的夹角。
3) 与 XY 平面的夹角，两点之间连线与 XY 平面的夹角。
4) X、Y、Z 增量，第 2 点坐标相对于第 1 点坐标的增量。

3.2.3　查询面积

可以计算一系列指定点之间的面积和周长，或计算多种对象的面积和周长。此外，该命令还可使用加模式和减模式来计算组合面积。

菜单：工具 → 查询 → 面积

命令：_area
指定第一个角点或 [对象(O)/加(A)/减(S)]：　O↙
选择对象：
面积 =　　　　周长 =

说明：

(1) 指定第一角点

指定一系列角点，AutoCAD 将其视为一个封闭多边形的各个顶点，并计算和报告该封闭多边形的面积和周长。

(2) 对象

指定某个对象，AutoCAD 将计算和报告该对象的面积和周长；可被使用的对象包括圆、椭圆、样条曲线、多段线、正多边形、面域和实体等。

(3) 加、减

系统除了报告单一对象的面积和周长等计算结果以外，还可报告组合面积的总面积，系统提供了面积计算的加模式和减模式，即加上该面积还是减去该面积。

如图 3-6 所示，在加模式下选择正方形和三角形，在减模式下选择圆，则系统报告的总面积为图形阴影部分面积：正方形面积＋三角形面积－圆面积。

图 3-6

> 注释：
>
> 　如果指定对象不是封闭的，则系统在计算面积时认为该对象的第一点和最后一点间通过直线进行封闭；而在计算周长时则为对象的实际长度，而不考虑对象的第一点和最后一点间的距离。

3.2.4　查询图形对象数据

AutoCAD 中的列表显示命令用来显示对象的数据库信息，如图层、句柄等。此外，根据选定对象的不同，该命令还将给出相关的附加信息。列出选定对象在图形数据库中所存储的数据信息。

菜单：工具 → 查询 → 列表显示

如查询一个圆的列表信息为：

CIRCLE　　　图层：0

空间：　模型空间

句柄 = 2C

圆心点，X=　　　　　　Y=　　　　　Z=

半径　　　　　周长　　　　　　面积

3.2.5　查询图形文件信息

使用查询状态命令，系统可在文本窗口显示当前图形的基本信息，如当前图形界限、各种图形模式等。

菜单：工具 → 查询 → 状态

调用查询状态命令后，系统显示的信息内容如下：

当前图形中的对象数：

其中包括各种图形对象、非图形对象（如图层和线型）和内部程序对象（如符号表）等。

模型空间图形界限：

由 LIMITS 定义的图形界限，包括界限左下角和右上角的 XY 坐标，以及界限检查设置状态。

模型空间使用：

图形范围，包括图形范围左下角和右上角的 XY 坐标。如显示注释"超界"则表明图形范围超出绘图界限。

显示范围：　显示范围，包括显示范围左下角和右上角的 XY 坐标。

插入基点：图形的插入点。

捕捉分辨率：X 和 Y 方向上的捕捉间距。

栅格间距：　X 和 Y 方向上的栅格间距。

当前空间：显示当前激活的是模型空间还是图纸空间。

当前布局：　图形的当前布局。

当前图层：图形的当前图层。

当前颜色：图形的当前颜色。

当前线型：图形的当前线型。

当前线宽：图形的当前线宽。

当前打印样式：　图形的当前打印样式。

当前标高、厚度：　图形的当前标高和当前厚度。

填充，栅格，正交，快速文字，捕捉，数字化仪：

填充，栅格，正交，快速文字，捕捉，数字化仪模式的当前状态。

对象捕捉模式：正在运行的对象捕捉模式。

可用图形文件磁盘空间：　AutoCAD 图形文件所在磁盘的可用空间容量。

可用临时文件磁盘空间：AutoCAD 临时文件所在磁盘的可用空间容量。

可用物理内存：系统中可使用的内存容量。

可用交换文件空间：操作系统的交换文件中可用空间容量。

3.2.6　查询与修改图形对象特性

在 AutoCAD 中，对象特性不仅包括颜色、图层、线型等非几何信息，也包括端点、半径等几何信息，还包括与具体对象相关的附加信息，如文字内容、文字样式等。

各种编辑、修改和查询命令可访问对象的特性，但这些命令一般只涉及对象的某个方面的特性。如果想访问特定对象的完整特性，则可通过特性窗口来实现查询和修改对象的特性。

单击标准工具栏（图 3-7）的特性图标 ![] ，系统就可打开特性窗口。

图 3-7

特性窗口与 AutoCAD 绘图窗口相对独立，在 AutoCAD 中工作时可以一直将特性窗口打开。每当选择了一个或多个对象时，特性窗口就显示选定对象的特性。

如果在绘图区域中选择某一对象，特性窗口将显示此对象所有特性的当前设置，用户可以修改任何可修改的特性。

根据所选择的对象种类的不同，其特性条目也有所变化。

3.3　AutoCAD 等轴测图

等轴测图实质是三维物体的二维投影图。AutoCAD 中提供了等轴测投影模式，利用前面各章学过的二维图形的绘图和编辑知识，在等轴测投影模式下可以很容易的绘制 AutoCAD 等轴测图。

1. 等轴测图绘制模式

菜单：工具 → 草图设置

系统弹出草图设置对话框，如图 3-8 所示。

在该对话框的捕捉和栅格选项卡中，将栅格捕捉方式设为"等轴测捕捉"，系统则可进入等轴测投影绘图模式。

在等轴测图绘图模式下，有三个等轴测面，如图 3-9 所示。在绘制等轴测图时，可使用［F5］在水平、左、前三个轴测面中进行切换绘图。

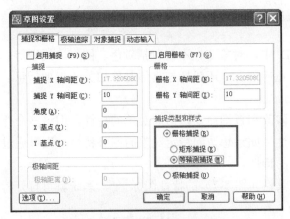

图 3-8　设置等轴测绘图模式

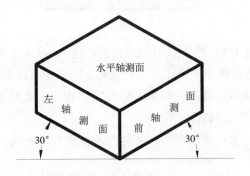

图 3-9　等轴测面示意图

2. 等轴测图的绘制步骤

1) 打开等轴测图绘制模式，打开"极轴"、"对象捕捉"、"对象追踪"，且极轴增量角设为 15°。

2) 绘制等轴测图上与轴测轴平行的直线。

必须打开"正交"或"极轴"，以保证在某一轴测面上绘直线时，十字光标可沿相应的轴测轴移动。一般先绘制水平轴测面，然后再切换到左轴侧面或前轴侧面绘制。

3) 在轴测面上绘圆。

首先要切换到圆所在的轴测面，然后调用椭圆命令的"等轴测圆"选项进行绘制。

单击绘图工具栏的椭圆图标 ⬭，系统提示：

指定椭圆轴的端点或 [圆弧(A)/中心点(C)/等轴测圆(I)]： I↙

指定等轴测圆的圆心：

指定等轴测圆的半径或 [直径(D)]:

4) 在轴测面上绘圆弧。

首先要切换到圆弧所在的轴测面，然后调用椭圆命令的"等轴测圆"选项先进行等轴测圆的绘制，然后，用修剪命令将等轴测圆修剪成等轴测圆弧。

3.4 绘制等轴测图和三视图

平面绘图是图形绘制的基础，AutoCAD 有非常强大的二维绘图功能。通过可用于书籍插图的二维等轴测图的绘制，以及工程图中三视图的绘制，可帮助用户熟练、灵活地掌握更多的 AutoCAD 绘图技巧。

3.4.1 绘制带槽导向板草图

本例用于绘制图 3-10 所示的带槽导向板草图。本例的要点是学习极轴、对象捕捉、对象追踪等技术，练习倒圆、修剪、偏移和镜像等图形编辑操作。

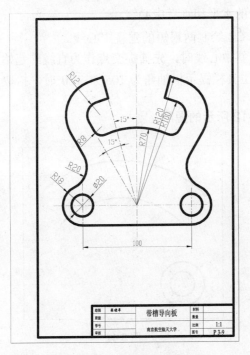

图 3-10 带槽导向板草图

step1. 创建新图形文件

以"my_a4_v.dwt"为样板建立新的图形文件。

step2. 绘制如图 3-11 所示的各条定位基准线

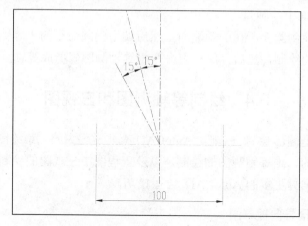

图 3-11

1) 打开"极轴"、"对象捕捉"、"对象追踪",极轴增量角设为 15°。

2) 绘制两根长的水平和垂直中心线。

3) 用偏移图标 绘制两根短的垂直中心线。

4) 绘制两根倾斜中心线时,先捕捉交点作为直线的起始点,然后移动光标,待出现追踪矢量且工具栏提示极轴角为 105°和 120°时,拾取直线终点。

step3. 绘制如图 3-12 所示的图形

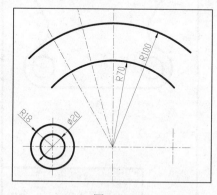

图 3-12

1) 以"圆心、半径"方式绘制 ϕ20、R18、R70 和 R100 四个圆。

2) 用打断图标 删除 R70 和 R100 的一部分圆弧。注意第一断点和第二断点的次序,AutoCAD 删除从第一断点到第二断点的逆时针转角的圆弧。

step4. 绘制如图 3-13 所示的图形

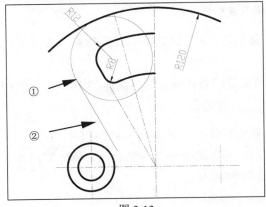

图 3-13

1) 用半径为 R12 的圆对 R100 的圆弧和极轴角为 120°的倾斜中心线倒圆角。单击倒圆图标 ⌐，系统提示：

当前模式：模式 = 修剪，半径 = 10.0000

选择第一个对象或 [放弃(U)/多段线(P)/半径(R)/修剪(T)/多个(M)]： r↙

指定圆角半径 <10.0000>：12↙

选择第一个对象或[放弃(U)/多段线(P)/半径(R)/修剪(T)/多个(M)]：点选半径为 R120 的圆弧

选择第二个对象,或按住 Shift 键选择要应用角点的对象：点选极轴角为 120°的倾斜中心线

2) 用半径为 R8 的圆对 R70 的圆弧和极轴角为 120°的倾斜中心线倒圆角。单击倒圆图标 ⌐，系统提示：

当前模式：模式 = 修剪，半径 = 12.0000

选择第一个对象或[放弃(U)/多段线(P)/半径(R)/修剪(T)/多个(M)]： r↙

指定圆角半径 <12.0000>：8↙

选择第一个对象或[放弃(U)/多段线(P)/半径(R)/修剪(T)/多个(M)]：点选半径为 R70 的圆弧

选择第二个对象，或按住 Shift 键选择要应用角点的对象：点选极轴角为 120°的倾斜中心线

3) 绘制半径为 R120 的圆，并用打断图标 ⌐ 删除部分圆弧。

4) 绘制与半径 R12 的圆同心，并与半径 R120 的圆相切的圆，见图 3-13 所示 ①处的圆。

单击画圆图标 ⊘，系统提示：

指定圆的圆心或[三点(3P)/两点(2P)/相切、相切、半径(T)]： 捕捉半径为 R12 的圆的圆心。

指定圆的半径或 [直径(D)]<123>：选取对象捕捉工具栏的切点捕捉图标 ◯ ,光标移至半径为 R120 的圆弧的相应位置拾取一点。

5) 绘制与所作圆相切，并与极轴角 120°的倾斜中心线平行的直线，见图 3-13 所示②处的直线。

用通过点方式和捕捉切点让偏移线与图 3-13 所示①处的圆相切。

单击偏移图标 ⬚，系统提示：

指定偏移距离或[通过(T)/删除(E)/图层(L)] <通过>：t↙

选择要偏移的对象或 [退出(E)/放弃(U)] <退出>：选极轴角为 120°的倾斜中心线。

指定通过点：捕捉①处圆的切点。

选择要偏移的对象或 <退出>：↙

step5. 绘制如图 3-14 所示的图形

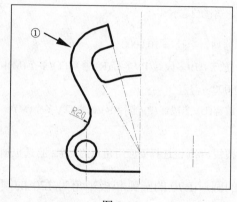

图 3-14

1) 修剪图 3-14 所示①处的大圆角。
2) 绘制半径为 R20 的倒圆角。
3) 绘制底边水平线。

**step6. 用镜像图标 ⬚ 镜像左半边图形，得带槽导向
板的最终图形（图 3-10）**

step7. 保存图形（带槽导向板.dwg）

3.4.2　绘制托架的等轴测图

本例用于绘制图 3-15 所示的托架的二维等轴测图。本例的要点是设置等轴测图的绘制环境，及等轴测圆与等轴测圆弧的绘制方法。

step1. 启动 AutoCAD 2006 系统，以"my_a4_h.dwt"为样板建立新的图形文件

step2. 设置绘制等轴测图的环境

　　菜单：工具 → 草图设置…

　　在草图设置对话框的捕捉与栅格标签页中，打开等轴测捕捉模式，并将栅格、捕捉及正交模式打开，栅格间距设置为 10。

step3. 绘制长方体的等轴测投影图（图 3-16）

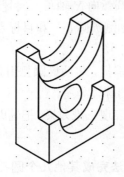
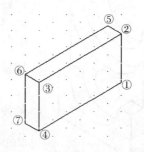

图 3-15　托架的等轴测图　　　　　　图 3-16　绘制长方体的等轴测图

　　1) 按［F5］功能键，激活前轴测面。然后用直线将①、②、③、④各点连接起来（图 3-16）。在等轴测图中的直线用法与正交视图中的用法相同。

　　2) 按功能键［F5］切换到水平轴测面，用直线将②、⑤、⑥、③点连接起来。

　　3) 再按功能键［F5］切换到左轴测面，用直线将⑥、⑦、④点连接起来。

step4. 用相同的方法绘制另一个长方体的等轴测投影图（图 3-17）

step5. 绘制半圆孔（图 3-18）

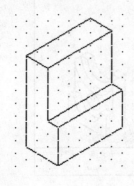
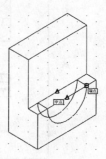

图 3-17　绘制另一长方体　　　　　　图 3-18　绘制半圆孔

1) 按［F5］切换到前轴测面，选择绘图工具栏中的 ⬯ 图标。系统提示：

指定椭圆轴的端点或 [圆弧(A)/中心点(C)/等轴测圆(I)]：<u>i∠</u>

指定等轴测圆的圆心：捕捉前表面矩形长边的中点为轴测圆的圆心。

指定等轴测圆的半径或 [直径(D)]：

其中"等轴测圆"选项是椭圆命令在等轴测模式下专有的选项，用于在等轴测模式下绘制等轴测圆。

2) 选择修改工具栏中的 ⁄⁄ 图标，剪掉该椭圆的上半个椭圆弧。

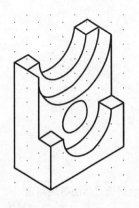

3) 将下半个椭圆弧向 Y 轴负方向复制，移动距离由移动基点（捕捉轴测圆圆心）和目标点确定（捕捉水平矩形长边的中点）。

4) 使用象限点捕捉，将两椭圆弧用直线连接，这样就完成了半圆孔的等轴测图。

5) 为了更好地表现三维效果，把辅助线和被遮挡的线修剪掉。

step6. 用同样的方法完成其他几个圆孔和半圆孔的绘制（图 3-19）

图 3-19 完成的等轴测图

step7. 以"托架 ISO.dwg"保存该图形

3.4.3 绘制托架的三视图

本例用于绘制图 3-20 所示的托架的三视图。本例的要点是学习"极轴"、"对象捕捉"、"对象追踪"的使用技巧，以及三维物体三视图的绘制方法。

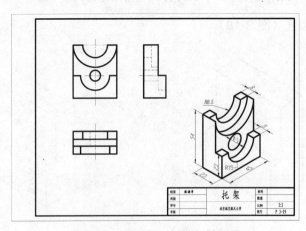

图 3-20 托架的三视图与轴测图

step1. 打开图形文件"托架 ISO.dwg"

step2. 打开"极轴"、"对象捕捉"、"对象追踪"

在状态行的标签上单击鼠标右键，在快捷菜单中选"设置…"，系统打开草图设置对话框。

在捕捉和栅格标签页，启动右下方的"极轴捕捉"。

在极轴追逐标签页，勾选"启用极轴追逐"，极轴增量角设为 45°，单选"仅正交追踪"，其余为系统缺省值。

在对象捕捉标签页，勾选"启用对象捕捉"和"启用对象捕捉追踪"，对象捕捉模式补充勾选"象限点"和"切点"。

step3. 绘制三视图

三视图的投影规律为"主、俯视图长对正，主、左视图高平齐，俯、左视图宽相等"。利用系统的"极轴"、"对象捕捉"、"对象追踪"功能可精确灵活的绘制能满足"长对正，高平齐"的图形对象，而"俯、左视图宽相等"则需先绘制一根 45°的辅助线来帮助绘图。

绘制三视图主要涉及以下操作技巧：

(1) 绘制定长直线

当系统提示"指定直线下一点："时，一般情况应输入直线下一点的 X、Y 坐标，但当所绘制的直线与显示的极轴矢量对齐时，直接输入直线长度值即可。利用此绘制技术可快速绘制水平线、垂直线及其他与极轴增量角的倍角矢量对齐的定长直线。

(2) 用直线命令快速绘制首尾准确相接的矩形

单击绘制直线的图标，使用极轴追踪功能可快速绘制矩形的上边线和右边线。因为矩形下边线的左端点的 X 坐标应和矩形的上边线左端点的 X 坐标相等，所以，当系统要求指定下边线左端点时，光标移至上边线的左端点暂停，然后向下移动鼠标，实现对象追踪上边线左端点的 X 坐标，见图3-21。

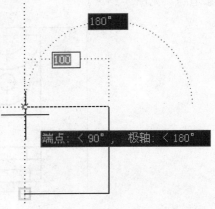

图 3-21　绘制首尾相接的矩形

(3) "主、俯视图长对正，主、左视图高平齐"

当绘制或编辑图形对象时，若要对齐某

一点的坐标，先保证"极轴"、"对象捕捉"和"对象追踪"处于打开状态，然后移动鼠标至该点暂停（"对象捕捉"精确捕捉到该点），然后向下移动鼠标，"对象追踪"将显示对齐 X 坐标的正交追踪矢量—垂直矢量，将实现"主、俯视图长对正"，见图 3-22。

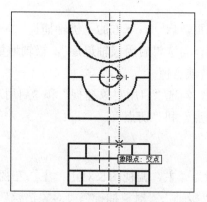

图 3-22　主、俯视图"长对正"

若向右移动鼠标，"对象追踪"将显示对齐 Y 坐标的正交追踪矢量—水平矢量，将实现"主、左视图高平齐"。

(4)"俯、左视图宽相等"

在屏幕适当位置绘制一条 45°的辅助线。

单击对象特性工具栏的颜色控件，选择一醒目的颜色作为辅助线的显式颜色。

单击绘制直线的图标，捕捉俯视图上须对齐的点作为直线起始点，向右移动鼠标，系统将显示对象追踪矢量，当出现该矢量与 45°的辅助线的交点标记时单击。在左视图，可捕捉该交点，并向上移动鼠标实现"俯、左视图宽相等"的对象追踪，见图 3-23。

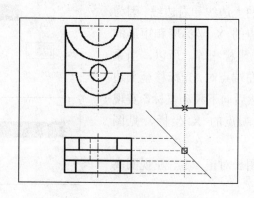

图 3-23　俯、左视图"宽相等"

step4. 完成托架的三视图绘制，并填写标题栏（图 3-20）

step5. 以"托架.dwg"保存该图形

上 机 练 习

1. 绘制如图 3-24 所示的图案。

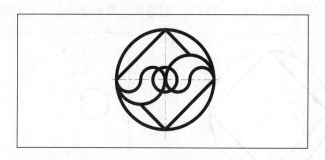

图 3-24　图案

step1. 以任意半径画外圆（图 3-25）

step2. 用直线命令、捕捉圆的四个象限点画正方形（图 3-26）

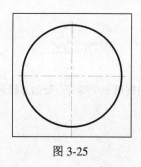

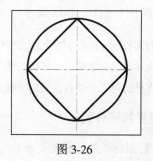

图 3-25　　　　　　　　　　　　　　图 3-26

step3. 在圆的水平直径上排放四个等距圆

1）以醒目的颜色绘制一根辅助线（圆的水平直径）。

2）设置点的样式。命令调用方式：

　　　格式 → 点样式…

系统打开点样式对话框，在点样式的预览窗中选一点样式，按［确定］。

3) 将辅助线四等分。命令调用方式：

　　　绘图 → 点 → 定数等分

系统提示：

选择要定数等分的对象：选水平直径辅助线。

输入线段数目或 [块(B)]：4↙

系统在各等分点上放置一点标记，删除水平直径辅助线，绘制结果见图 3-27。

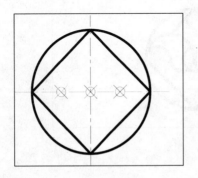
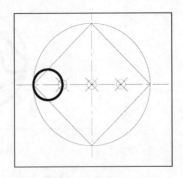

　　图 3-27　绘制等分点　　　　　　　　图 3-28　绘制等分圆

step4. 使用两点画圆法绘制第一个等分圆，绘制结果见图 3-28

单击画圆图标 ⊘ ，系统提示：

指定圆的圆心或 [三点(3P)/两点(2P)/相切、相切、半径(T)]：2p↙
指定圆直径的第一个端点：捕捉大圆的左象限点。
指定圆直径的第二个端点：调用捕捉点标记，捕捉第一个等分点处的点标记。

step5. 多重复制等分圆

单击复制图标 ⅋ ，系统提示：

选择对象：选择第一个等分圆。
选择对象：↙
指定基点或 [位移(D)] <位移>：捕捉第一个等分圆的左象限点。
指定位移的第二点或：捕捉第一个等分点标记。
指定位移的第二点或：捕捉大圆圆心。
指定位移的第二点或：捕捉第三个等分点标记。
指定位移的第二点或：捕捉第二个等分圆圆心。

复制结果见图 3-29。

step6. 删除点标记，并修剪四个等分圆（图 3-30）

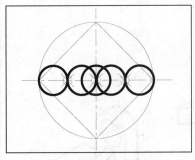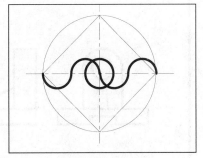

图 3-29　复制四个小圆　　　　　　　　图 3-30　修剪小圆

step7. 再绘制两个圆（图 3-31）

step8. 按图 3-32 所示修剪这两个圆和正方形

step9. 保存该图形

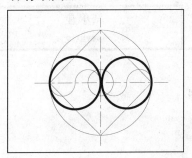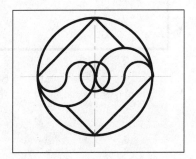

图 3-31　　　　　　　　　　　　　图 3-32　最后结果

2. 绘制如图 3-33 所示的图案。

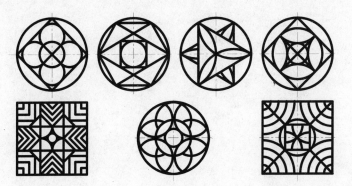

图 3-33　图案设计

3. 绘制轴承座的三视图和等轴测图，见图 3-34。

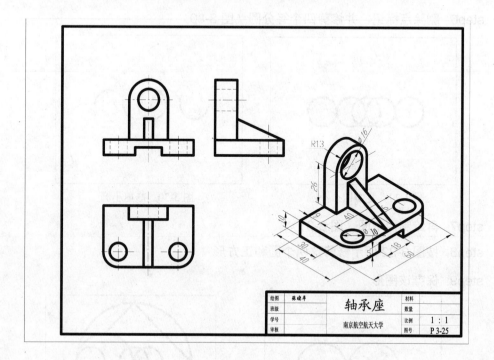

绘图	张晓平	轴承座	材料	
班级			数量	
学号		南京航空航天大学	比例	1 : 1
审核			图号	P 3-25

图 3-34

第 4 章

零件图绘制

学习本章后，你将能够：

◆ 输入文字

◆ 构造文字样式

◆ 设置各种尺寸样式

◆ 设置表格样式

◆ 编辑尺寸标注

◆ 机械图上的文字与标注

◆ 绘制零件图

4.1　注　释　文　字

文字是图纸的重要组成部分，它表达了图纸上的重要信息，常用于标题、标记图形、提供说明或进行注释等。

4.1.1　文字输入

1. 多行文字输入

单击绘图工具栏（图 4-1）的文字图标 **A**，指定文字输入区域的两对角点，AutoCAD 打开多行文字编辑器对话框，该对话框有 4 个选项卡，分别用于字符格式化、改变特性、改变行距以及查找和替换文字。

图 4-1　绘图工具栏

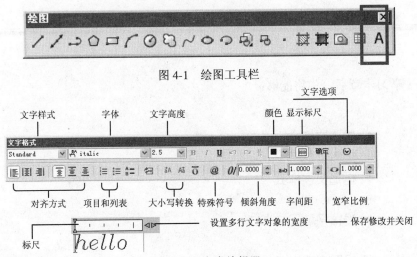

图 4-2　文字编辑器

单击"文字格式"工具栏（图 4-2）上的"文字选项"按钮，系统打开文字选项菜单，如图 4-3 所示。使用该菜单，用户可以访问新的文字格式设置，包括项目符号和列表等。

2. 单行文字输入

对于一些简短文字的创建，可使用 AutoCAD 提供的创建单行文字命令，该命令的调用方式为：

菜单：绘图 → 文字 → 单行文字

调用该命令后，AutoCAD 将在命令行中显示当前文字设置。系统提示：

图 4-3　文字选项菜单

命令：_dtext

当前文字样式：Standard

当前文字高度：2.5000

指定文字的起点或 [对正(J)/样式(S)]：

此时用户可以进行如下几种选择：

1) 直接指定文字的起始点，系统进一步提示用户指定文字的高度、旋转角度
和文字内容。

指定高度 <2.5000>：

指定文字的旋转角度 <0>：

2) 如果用户选择"样式"项，系统将提示用户指定文字样式：

输入样式名或 [?] <Standard>：

用户可选择"?"选项查看所有样式，并选择其中一种，然后将返回上一层
提示。

3) 如果用户选择"对正"项（缺省方式是左上对齐），系统将给出如下选项：

输入选项

[对齐(A)/调整(F)/中心(C)/中间(M)/右(R)/左上(TL)/中上(TC)/右上(TR)/左中(ML)/正中
(MC)/右中(MR)/左下(BL)/中下(BC)/右下(BR)]：

其中各选项参见图 4-4。

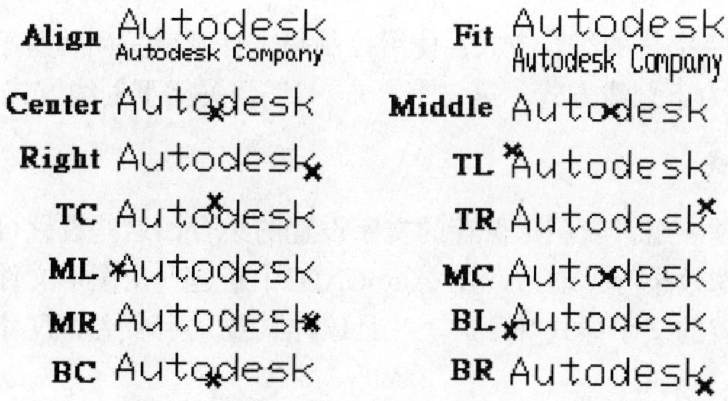

图 4-4 文字对正效果

1) 对齐：通过指定基线的两个端点来绘制文字。文字的方向与两点连线方向
一致，文字的高度将自动调整，以使文字布满两点之间的部分，但文字的宽度比
例保持不变。

2) 调整：通过指定基线的两个端点来绘制文字。文字的方向与两点连线方向

一致。文字的高度由用户指定，系统将自动调整文字的宽度比例，以使文字充满两点之间的部分，但文字的高度保持不变。

> 注释：
>
>   只有在当前文字样式没有固定高度时才提示用户指定文字高度。此外，用户可以连续输入多行文字，每行文字将自动放置在上一行文字的下方，但这种情况下每行文字均是一个独立的对象。

    3) 中心、中间和右：这三个选项均要求用户指定一点，并分别以该点作为基线水平中点、文字中央点或基线右端点，然后根据用户指定的文字高度和角度进行绘制。

4.1.2　特殊文字字符

    用户在输入文字时可使用特殊文字字符，如直径符号"ϕ"、角度符号"°"和加/减符号"±"等。这些特殊文字字符可用控制码来表示，使用户可以在文字中加入特殊符号或格式。所有的控制码用双百分号（%%）起头，随后跟着的是要转换的特殊字符，特殊字符调用相应的符号。这些特殊文字字符简介如下。

    1) 下划线（%%U）：用双百分号跟随字母"U"来给文字加下划线。

    2) 直径符号（%%C）：双百分号后跟字母"C"将建立直径符号。

    3) 加/减符号（%%P）：双百分号后跟字母"P"建立加/减符号。

    4) 角度符号（%%D）：双百分号后跟字母"D"建立角度单位"度"符号。

    5) 上划线（%%O）：与下划线相似，双百分号后跟字母"O"在文字对象上加上划线。

    6) 特殊文字字符的组合方式：使用控制码来打开或关闭特殊字符。如第一个"%%U"表示为下划线方式，第二个"%%U"则关闭下划线方式。

4.1.3　文字样式

    文字样式是一组可随图形保存的文字设置的集合，这些设置可包括字体、文字高度以及特殊效果等。通常，在 AutoCAD 中新建一个图形文件后，系统将自动建立一个缺省的文字样式"标准"，并且该样式被文字命令、尺寸标注命令等缺省引用。

    更多的情况下，图形中常常需要使用不同的字体，即使同样的字体也可能需要不同的显示效果，因此仅有一个标准样式是不够的，用户可以使用文字样式命令来创建或修改文字样式。调用该命令的方式为：

    菜单：格式 → 文字样式 …

调用该命令后，系统打开文字样式对话框，如图 4-5 所示。

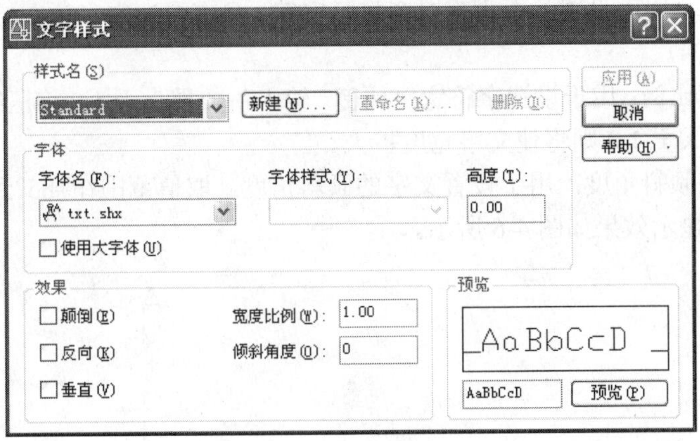

图 4-5 文字样式对话框

该对话框主要分为以下四个区域：

(1) 样式名

在该栏的下拉列表中包括了所有已建立的文字样式，并显示当前的文字样式。用户可单击 [新建…] 新建一个文字样式；或单击 [重命名] 和 [删除] 对当前的文字样式进行重命名和删除操作。

> 注释：
> 　　标准样式不能被重命名或删除。对于当前的文字样式和已经被引用的文字样式则也不能被删除，但可以重命名。

(2) 字体

在字体名列表中显示所有 AutoCAD 可支持的字体，这些字体有两种类型：一种是带有 图标、扩展名为".shx"的字体，该字体是利用形技术创建的，由 AutoCAD 系统所提供。另一种是带有 图标、扩展名为 ".ttf" 的字体，该字体为 TrueType 字体，通常为 Windows 系统所提供。

对于某些 TrueType 字体，则可能会具有不同的字体样式，如加黑、斜体等，用户可通过字体样式列表进行查看和选择。而对于 shx 字体，"使用大字体"项将被激活。大字体是一种特殊类型的形文件，可以定义数千个非 ASCII 字符的文字文件，如汉字等。

文字高度编辑框用于指定文字高度。如果设置为 0，则引用该文字样式创建字体时需要指定文字高度。否则将直接使用框中设置的值来创建文字。

(3) 效果

1) 颠倒：用于设置是否倒置显示字符。

2) 反向：用于设置是否反向显示字符。

3) 垂直：用于设置是否垂直对齐显示字符。只有在选定字体支持双向对齐时该项才被激活。

4) 宽度比例：用于设置字符宽度比例。输入值如果小于 1.0 将压缩文字宽度，输入值如果大于 1.0 则将使文字宽度扩大。

5) 文字倾斜角度：用于设置文字的倾斜角度，取值范围在–85°到 85°之间。

各选项显示效果如图 4-6 所示。

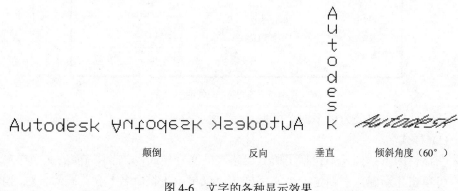

颠倒　　　　　　　　反向　　　　垂直　　　　倾斜角度（60°）

图 4-6　文字的各种显示效果

(4) 预览

用于预览字体和效果设置，可在预览图像下部的编辑框中输入不同的文字，然后单击［预览］按钮来预览它们。

4.1.4　外部文字

AutoCAD 为方便用户使用并提高工作效率，允许用户将其他字处理软件生成的 ASCII 码文件插入到 AutoCAD 的图形中。

(1) 导入文字文件

在多行文字编辑器中，单击选项菜单中的［输入文字…］，系统将弹出"打开"对话框。用户可以选择 ASCII 码格式或 RTF 格式的文件。插入文字将保持其原有的字符格式和风格特性。应注意导入的文字文件大小不应超过 16KB。

(2) 拖放文件

用户若用鼠标拖动一个 ASCII 文件或 RTF 文件到 AutoCAD 的图形窗口中，则该文件中的内容自动插入到当前窗口，并且文字使用图形中当前文字样式所定义的字体和格式。拖放文件的大小亦不能超过 32KB。

4.1.5　编辑文字

对于图形中已有的文字对象，用户可使用各种编辑命令对其进行修改。

1. 编辑文字

该命令对多行文字、单行文字以及尺寸标注中的文字均可适用，其调用方式为双击需编辑的文字或菜单调用：

菜单：修改 → 对象 → 文字 → 编辑 …

调用该命令后，如果选择多行文字对象或尺寸标注中的文字，则出现文字编辑器对话框，来改变全部或部分文字的高度、字体、颜色和调整位置。而对于单行的文字对象，则出现在位文字编辑器，见图 4-7。该编辑器只能修改文字，而不支持字体、调整位置以及文字高度的修改。

图 4-7　编辑单行文字

2. 编辑文字特性

其调用方式为：

菜单：修改 → 特性…

先选择要修改的文字，然后调用此命令，系统打开特性对话框，用户可在此对文字对象的特性和内容进行修改编辑。

在 AutoCAD 中，图形对象的基本特性有颜色、线型、层等，若选择了文字对象，还可以修改文字特有的特性，如文字样式、对齐、宽度、内容等。

4.1.6　机械图中的文字

文字是工程图中不可缺少的一部分，比如：尺寸标注文字、技术要求、注释、明细表和标题栏等，文字、标注和图形一起表达完整的设计思想。

AutoCAD 2006 提供了很强的文字处理功能。但并没有直接提供符合国家标准的工程制图规范文字—长仿宋体。因此要设置一个书写汉字的"汉字长仿宋体"和一个书写字母的"字母长仿宋体"文字样式。

具体操作的简要步骤为：

1) 调用设置文字样式命令，其命令调用方式为：

菜单：格式 → 文字样式…

2) 在系统打开的文字样式对话框中，单击［新建…］，系统打开新建文字样式对话框。新建一个文字样式，取名为"汉字长仿宋体"， 单击［确定］。

3) 将文字样式对话框中的字体名改选用"仿宋体 GB—2312"，宽度比例改为 0.67。

4) 再新建一个文字样式，取名为"字母长仿宋体"，字体名改选用"italic.shx"，宽度比例改为 0.67。

5) 单击［应用］，关闭窗口。

还有一种更简单的使用机械制图国标规范文字的方法，即使用"GB_"开头的样板文件（如 Gb_a0 ）开始绘制新图，因为"GB_"开头的样板文件都提供了"工程字"样式，并已将"工程字"样式置为文字和标注的当前工作样式。

4.2　尺寸标注

不论是建筑图还是机械图，尺寸标注都是一般绘图过程中不可缺少的步骤。下面着重讲述一下尺寸标注方面的知识。其工具栏见图 4-8。

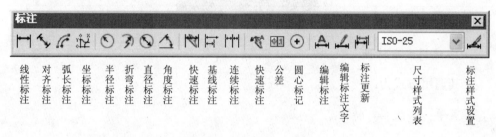

图 4-8　尺寸标注工具栏

4.2.1　尺寸标注简介

AutoCAD 提供了一套完整的尺寸标注命令。通过这些命令，可方便地标注图纸上的各种尺寸，如线性尺寸、角度、直径、半径等。当用户进行尺寸标注时，AutoCAD 将自动测量对象的大小，并在尺寸线上给出正确的数字。所以用户在标注尺寸之前应该精确地绘制编辑图形。

在进行工程图的尺寸标注时，应按照机械制图的国家标准及 AutoCAD 提供的各种尺寸控制选项设置合适的尺寸标注样式。

1. 尺寸标注的标准

一般来讲，用户在绘制一幅正规的图纸时主要涉及如下问题：

1) 用于多种设计的图纸大小。

2) 常规视图的布置和定位。

3) 适于图形的标题块和注释。

4) 尺寸特征和位置。

5) 公差规格。

　6) 标注对象的基准和引用。

　7) 标注文字、注释和箭头的大小与特征。

为此，各个国家和部门制定了众多的标准，我国目前使用的标准是由国家标准局发布的《机械制图》(简称国标)，代号为 GB。该标准详细规定了适用于我国的图纸幅面及格式、比例、字体、图线、尺寸标注方法、公差规格等。下面首先讲述一下我国对机械制图中有关尺寸标注的规定：

　1) 机件的真实大小应以图样上标注的尺寸数值为依据，与图形大小及绘图的精度无关。由于 AutoCAD 一般以真实尺寸绘图，所以在绘制图形时机件的真实大小与图形的大小以及图样上标注的尺寸数据是一致的。但由于图形输出时通常不以 1∶1 的比例进行，并且还会存在打印误差，所以，机件的真实大小仍应以图样上标注的尺寸数值为依据。

　2) 图样中的尺寸以 mm（毫米）为单位时，不需注明计量单位的代号或名称。如需采用其他单位，如 cm（厘米）、m（米）等，则必须注明相应计量单位的代号或名称。

　3) 图样中所标明的尺寸为该图样所示机件的最后完工尺寸,否则必须另加说明。

　4) 机件的每一尺寸，一般只标注一次，并应标注在反映该结构最为清晰的图形上。

　2. 尺寸标注的组成

AutoCAD 标注的尺寸是个无名块，它有以下四个基本组成部分：尺寸界线、尺寸线、尺寸文字与尺寸箭头，见图 4-9。

　3. 尺寸标注的类型

根据不同的标注对象，AutoCAD 提供了五种尺寸标注类型，使尺寸标注非常方便、灵活。

　(1) 线性尺寸

线性尺寸主要用来标注长度,它又可以细分为：水平尺寸、垂直尺寸、倾斜尺寸、旋转尺寸、基线型尺寸和连续型尺寸。各线性尺寸的标注形式如图 4-10。

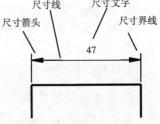

图 4-9　尺寸的组成

　(2) 半径类尺寸

半径类尺寸主要用来标注圆或圆弧的直径、半径和圆心。它又可以细分为：直径尺寸、半径尺寸、折弯标注和圆心标记。半径类尺寸的标注形式见图 4-11。

　(3) 坐标类尺寸

坐标标注用于标注图形中某点的坐标，坐标引导线与当前用户坐标系统的坐标轴正交，见图 4-11。

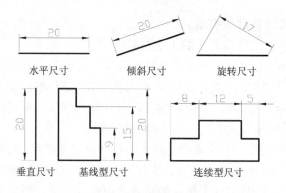

图 4-10　六种线性尺寸

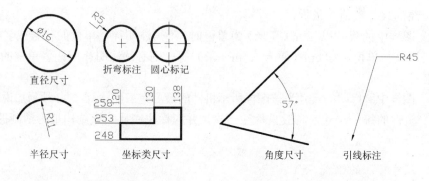

图 4-11　半径类与坐标类尺寸　　　　图 4-12　角度与引线标注

(4) 角度尺寸

角度尺寸用于标注两相交直线以及圆或圆弧的圆心角，见图 4-12。

(5) 引线标注

引线标注的外观是一个箭头后连着一条折线，其使用非常灵活，见图 4-12。

4. 尺寸标注的步骤

在对所建立的每个图形进行标注之前，一般来讲，应该遵守下面的基本过程：

1) 为了便于将来控制尺寸标注对象的修改、显示与隐藏，应为尺寸标注创建一个或多个独立的图层，使之与图形的其他信息区别开来。

2) 为尺寸标注文字建立专门的文字类型。根据我国对机械制图中尺寸标注数字的要求，应将字体设为斜体。为了能在尺寸标注的过程中随时修改标注文字的高度，应将文字高度设置为 0。由于我国要求字体的宽高比为 2/3，所以以将"宽度比例"设置为 0.67。

3) 通过"标注样式管理器"对话框及从其各种子对话框设置尺寸线、尺寸界线、尺寸终端符号、尺寸格式、标注文字、尺寸单位、尺寸精度、公差等尺寸样式，并保存所作的设置，以用于标注尺寸时选择该尺寸样式。

4) 充分利用对象捕捉方法，快速拾取定义点，进行尺寸标注。

5. 尺寸关联

标注关联性定义了图形对象和其长度、角度值之间的关系。AutoCAD 提供了几何对象和标注间的三种类型的关联性。

1) 关联标注。当与其关联的几何对象被修改时，自动调整其位置、方向和测量值。DIMASSOC 系统变量设置为 2。

2) 无关联标注。无关联标注在其测量的几何对象被修改时，不发生改变。标注变量 DIMASSOC 设置为 1。

3) 分解的标注。标注对象被打散，不是单个标注对象的集合。DIMASSOC 系统变量设置为 0。

4.2.2　尺寸样式

为了适应不同图纸的需要，AutoCAD 可设置不同的尺寸样式。下面讲述一下如何设置尺寸样式：

单击尺寸工具栏的尺寸样式图标，系统则打开图 4-13 所示的标注样式管理器对话框，它提供了一致的管理界面，方便用户编辑标注属性、预览标注效果。

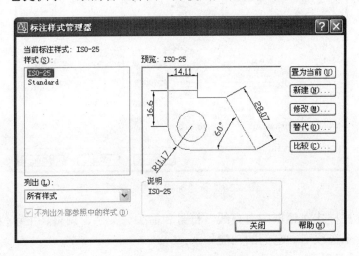

图 4-13　标注样式管理器对话框

1. 新建尺寸标注样式

在标注样式管理器对话框中，单击［新建...］按钮，系统则弹出如图 4-14 所示的创建新标注样式对话框。

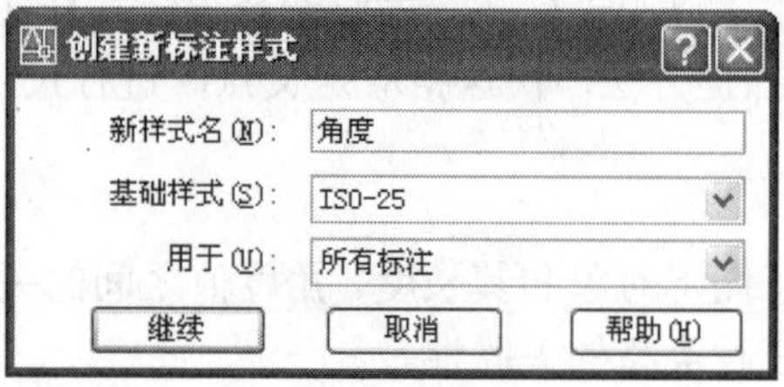

图 4-14　创建新标注样式

　　输入新样式名，确定基础样式，通过"用于"下拉列表框确定新建样式的适用范围，用户可在所有标注、线性标注、角度标注、半径标注、直径标注等之间选择。设置完成之后，单击对话框中的［确定］，AutoCAD 弹出新建标注样式对话框，如图 4-15 所示。

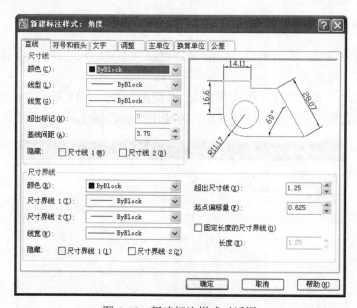

图 4-15　新建标注样式对话框

　　新建标注样式对话框中有直线、符号和箭头、文字、调整、主单位、换算单位和公差 7 个选项卡。它们的功能如下：

　　(1) 直线选项卡

　　设置尺寸线、尺寸界线、箭头和圆心标记的格式和特性。图 4-15 是与直线选项卡对应的对话框，其中：

　　1) 尺寸线。

　　·超出标记：当尺寸箭头采用倾斜、建筑标记、小点、积分或无标记时，来确定尺寸线超出尺寸界线的长度。

·基线间距：用来设置基线型标注时各尺寸线之间的距离。

·隐藏："隐藏"项对应的"尺寸线 1"、"尺寸线 2"选项分别用来确定是否省略第一段、第二段尺寸线及相应的箭头，见图 4-16。

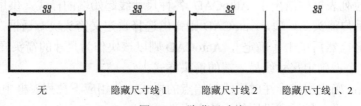

无　　　　　　隐藏尺寸线 1　　　　隐藏尺寸线 2　　　隐藏尺寸线 1、2

图 4-16　隐藏尺寸线

2) 尺寸界线。

·超出尺寸线：确定尺寸界线超出尺寸线的距离。

·起点偏移量：确定尺寸界线的实际起始点相对于其定义点的偏移距离。

·隐藏："隐藏"项对应的"尺寸界线 1"、"尺寸界线 2"选项分别用来确定是否省略第一段、第二段尺寸界线，见图 4-17。

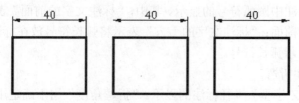

图 4-17　隐藏尺寸界线

(2) 符号和箭头选项卡

符号和箭头选项卡用来设置箭头、圆心标记、弧长符号和折弯半径标注的格式和位置，见图 4-18。

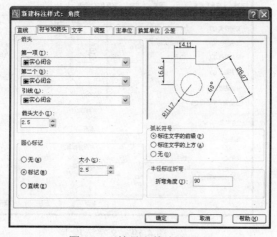

图 4-18　符号和箭头选项卡

各主要项功能如下：

1) 箭头。

• 第一个：确定尺寸线第一端处的箭头样式。

该下拉列表框中给出了 AutoCAD 各种尺寸线起始端的样式，供用户选择。当单击"用户箭头…"项，AutoCAD 则弹出选择自定义箭头块对话框，在文本框内输入块名，然后单击［确定］，AutoCAD 则以该块作为尺寸的箭头样式。

• 第二个：确定尺寸线另一端的箭头样式。

• 引线：确定引线标注时引线起始点的样式，从相应下拉列表框中选择即可。

• 箭头大小：显示和设置箭头的大小。

2) 圆心标记。

确定用于连接半径标注的尺寸界线和尺寸线的横向直线的角度。

确定圆或圆弧的圆心标记的类型与大小。其中"标记"表示对圆或圆弧绘制圆心标记，"直线"表示对圆或圆弧绘中心线，"无"则表示不画圆心标记和中心线。

3) 弧长符号。

控制弧长标注中圆弧符号的显示。其中，"标注文字的前面"表示将弧长符号放在标注文字的前面；"标注文字的上方"表示将弧长符号放在标注文字的上方；"无"表示不显示弧长符号。

4) 半径标注折弯。

控制折弯（Z 字型）半径标注的显示。"折弯角度"用于确定用于连接半径标注的尺寸界线和尺寸线的横向直线的角度。

(3) 文字选项卡

文字选项卡用来设置尺寸文字的外观、位置以及对齐方式，见图 4-19。

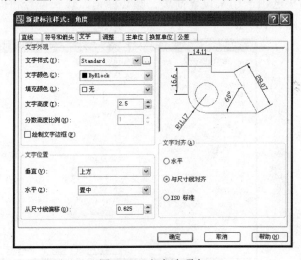

图 4-19　文字选项卡

各主要项功能如下：

1) 文字外观。

·文字样式：确定尺寸文字的样式。可直接从下拉列表框中选择，也可单击右边的小按钮，弹出文字样式对话框，从中选择文字样式或设置新文字样式，操作方法与前面所介绍的设置新文字样式相似。

·分数高度比例：设置尺寸文字中的分数相对于其他尺寸文字的缩放比例。系统将该比例值与尺寸文字高度的乘积作为分数的高度。

·绘制文字边框：确定是否给尺寸文字加边框。

2) 文字位置。

·垂直：控制尺寸文字相对于尺寸线在垂直方向的放置形式，有置中、上方、外部和"JIS"四种方式。放置形式如图 4-20 所示。

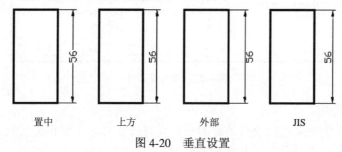

图 4-20　垂直设置

·水平：确定尺寸文字相对于尺寸线和尺寸界线在水平方向的位置，图 4-21为 5 种位置形式。

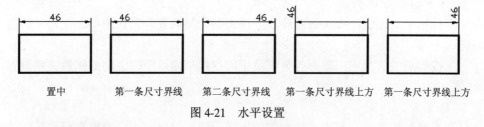

图 4-21　水平设置

·从尺寸线偏移：设置尺寸文字与尺寸线的间隙。

3) 文字对齐。

·水平：尺寸文字水平放置。

·与尺寸线对齐：尺寸文字方向与尺寸线方向一致。

·ISO 标准：尺寸文字按 ISO 标准放置，即尺寸文字在尺寸界线之内时它的方向与尺寸线方向一致，在尺寸界线之外时水平放置。

(4) 调整选项卡

调整选项卡用于控制尺寸文字、尺寸线、尺寸箭头等尺寸特征，见图 4-22。

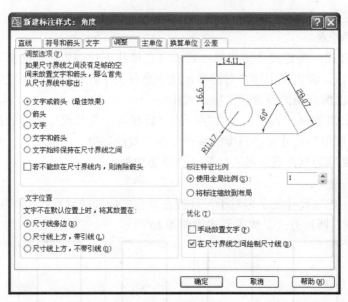

图 4-22　调整选项卡

1) 调整选项。

确定当尺寸界线之间没有足够的空间同时放置尺寸文字和箭头时,应从尺寸界线之间先移出谁,可在五个单选中选一。

2) 文字位置。

确定当文字不在缺省位置时,将它放在哪里。

3) 标注特征比例。

• 使用全局比例:按比例缩放尺寸样式的全部设置,此比例不改变尺寸的测量值。

• 按布局缩放标注:根据当前模型空间视口与图纸空间之间的缩放关系设置比例。

4) 优化。

• 手动放置文字:忽略尺寸文字的水平设置,将尺寸文字放置在用户指定的位置。

• 在尺寸界线之间绘制尺寸线:当尺寸箭头放置在尺寸线之外时,也在尺寸界线之内绘出尺寸线。

(5) 主单位选项卡

主单位选项卡设置主单位的格式与精度,以及尺寸文字的前后缀,见图 4-23。

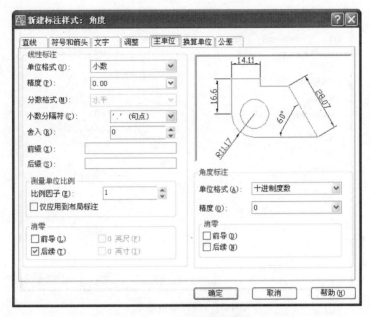

图 4-23　主单位选项卡

1) 线性标注。

设置线性标注的格式与精度。

· 小数分隔符：确定整数与小数部分的分隔符，可供选择的选项有句号、逗号和空格。

· 舍入：确定尺寸测量值(角度标注除外)的舍入值。

· 前缀与后缀：分别确定尺寸文字的前缀或后缀，在相应文本框中输入即可。

2) 测量单位比例。

· 比例因子：测量尺寸的缩放比例。设置后，AutoCAD 的实际标注值是测量值与该值的积。

· 消零：确定是否显示尺寸标注中的前导或后续零。

3) 角度标注。

确定角度标注时的单位、精度及消零否。

(6) 换算单位选项卡

换算单位选项卡用于确定换算单位的格式，见图 4-24。

当显示换算单位时，确定换算单位的单位格式、精度、换算单位乘法器、舍入精度、前缀与后缀。其中换算单位乘法器用来设置换算单位同主单位的转换因子。

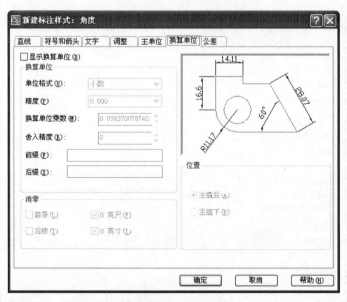

图 4-24　换算单位选项卡

(7) 公差选项卡

公差选项卡用于确定是否标注公差，以及以何种方式进行标注，见图 4-25。

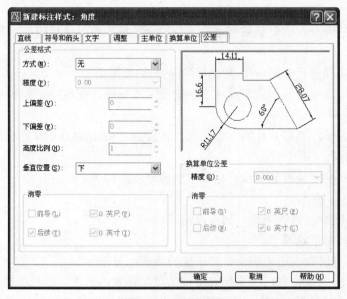

图 4-25　公差选项卡

公差格式：

1) 方式：确定以何种方式标注公差。下拉列表框中有五种选择，见图 4-26。

图 4-26　公差标注方式

2) 上偏差与下偏差：通过文本框设置尺寸的上偏差、下偏差。

3) 高度比例：确定公差文字的高度比例因子。AutoCAD 将该比例因子与尺寸文字高度之积作为公差文字的高度。

4) 垂直位置：控制公差文字相对于尺寸文字的位置。

2. 修改尺寸标注样式

在标注样式管理器对话框中，选中要修改的标注样式，单击［修改］，AutoCAD 弹出修改标注样式对话框，此对话框与新建标注样式对话框的外观和操作相似。

3. 替换尺寸标注样式

设置当前样式的替代样式。单击［替换］按钮，AutoCAD 弹出与新建标注样式对话框类似的替代当前样式对话框，通过该对话框设置即可。

4. 比较尺寸标注样式

对两个标注尺寸样式做比较，或了解某一样式的全部特性。利用该功能用户可快速比较不同标注样式在参数上的区别。

4.2.3　尺寸标注方法

AutoCAD 提供了众多的尺寸标注命令，使用户可以对线性尺寸、半径、直径等进行标注。

1. 线性标注

指定第一条尺寸界线原点或 <选择对象>：

指定第二条尺寸界线原点：指定尺寸线位置或

[多行文字(M)/文字(T)/角度(A)/水平(H)/垂直(V)/旋转(R)]：

调用该命令后，系统提示用户指定两点或选择某个对象，两种标注方式见图 4-27。

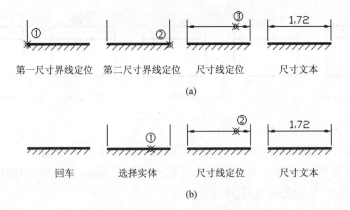

图 4-27   线性标注的两种方式

该命令各选项含义如下:

1) 多行文字:利用多行文字编辑器输入并设置尺寸文字。

2) 文字:输入尺寸文字,可替代系统自动测量出的尺寸大小进行标注。

3) 角度:确定尺寸文字的旋转角度。输入角度后,所标注的尺寸文字将旋转该角度。

4) 水平:标注水平尺寸。

5) 垂直:标注垂直尺寸。

6) 旋转:标注旋转尺寸,见图 4-28。

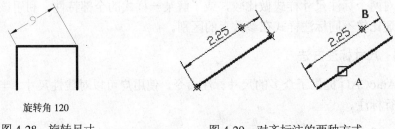

图 4-28   旋转尺寸   图 4-29   对齐标注的两种方式

2. 对齐标注

用于标注两点之间的实际距离,两点之间连线可以为任意方向,见图 4-29。

3. 弧长标注

弧长标注用于测量圆弧或多段线弧线段上的距离,见图 4-30。

命令:_dimarc

选择弧线段或多段线弧线段:

指定弧长标注位置或 [多行文字(M)/文字(T)/角度(A)/部分(P)/引线(L)]:

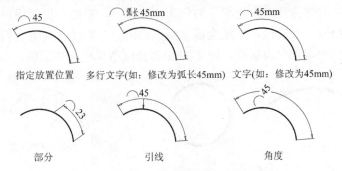

图 4-30 弧长标注的各种情况

各命令选项的含义如下:

1) 指定弧长标注位置:指定尺寸线的位置并确定尺寸界线的方向。

2) 多行文字:显示文字编辑器,可用它来编辑标注文字。如果需要添加前缀或后缀,则直接在生成的测量值前后输入前缀或后缀。

3) 文字:在命令行自定义标注文字。

4) 角度:修改标注文字的角度。

5) 部分:缩短弧长标注的长度。

6) 引线:添加引线对象。

4. 半径标注 🔘

用于标注圆或圆弧的半径。生成的尺寸标注文字以 R 引导,以表示半径尺寸。圆形或圆弧的圆心标记可自动绘出,见图 4-31。

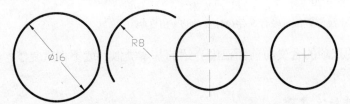

图 4-31 直径、半径、圆心标记的标注

5. 直径标注 🔘

用于标注圆或圆弧的直径。该命令用法与半径标注相同。生成的尺寸标注文字以 ϕ 引导,以表示直径尺寸,见图 4-31。

6. 角度标注 🔺

该命令用于标注两个对象之间的夹角,用户可以通过选取两个对象或指定三个点来计算夹角。如果用户拾取圆弧，则系统会直接对它进行标注；如果拾取圆，则该圆的圆心被置为顶点，拾取点被置为一个端点，系统会提示用户给出第二个端点；如果拾取一条线段，系统会提示用户给出第二条线，并把它们的交点作为顶点，把它们的端点作为端点。图 4-32(a)为角度型尺寸标注示例。

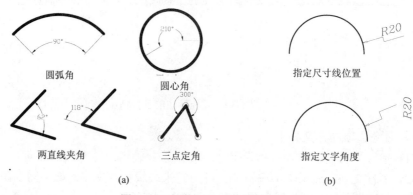

图 4-32　角度标注和折弯标注

7. 折弯标注

当圆弧或圆的中心位于布局外并且无法在其实际位置显示时，可以使用折弯半径标注，在更方便的位置指定标注的原点。

命令：_dimjogged
选择圆弧或圆：
指定中心位置替代：
标注文字 = 20
指定尺寸线位置或 [多行文字(M)/文字(T)/角度(A)]：

其中的选项的含义与前面已经介绍的基本类似，就不再重复了，标注结果如图 4-32(b)所示。

8. 基线标注

基线型尺寸指若干个同一类型的尺寸，它们共有一条尺寸界线，且尺寸线互相平行，等距排开。标注基线型尺寸时，首先要使用指定尺寸界线定位点方式注出第一个尺寸，然后再调用基线型尺寸命令，第一个尺寸的第一条尺寸界线就是后面要画尺寸的第一条尺寸界线的缺省值，系统只询问每个尺寸的第二条尺寸界线定位点或图形实体，AutoCAD 自动以第一条尺寸界线为起点进行计算，得到测量值，尺寸线位置系统也自动定位。注意，要根据实际图形谨慎选取第一个尺寸的第一条尺寸界线，见图 4-33（a）。

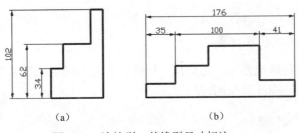

(a)   (b)

图 4-33　连续型、基线型尺寸标注

9. 连续标注 ![icon]

该命令可以方便迅速地标注同一列(行)上的尺寸。使用方法是先标注一线性尺寸，然后用连续标注命令，系统会自动地在上一个尺寸线结束的地方开始绘出下一个新的尺寸线。各个标注的尺寸线将处于同一直线上，而不会自动偏移，见图 4-33（b）。

10. 利用引线注释图形 ![icon]

可用引线来指示一个特征，然后，给出关于它的信息，见图 4-34。与尺寸标注命令不同，引线并不测量距离。一条引线由一个箭头、一条直线段或一个样条及一条被称为平均线的水平线组成，注释文字一般在引线末端给出。引线标注命令具有较强的功能，使用该命令时拥有更多的选项以便在引线末端给出信息。缺省注释为单行文字，但可以通过适当选项进入多行文字编辑，并且还可以复制一个已有的角度或多行文字、属性定义、块或者公差对象等。此外，用户还可以指定引线是直线还是样条曲线，并决定它是否带箭头。

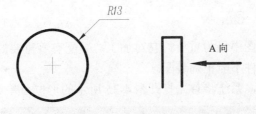

图 4-34　引线标注

11. 坐标标注 ![icon]

坐标标注是从一个公共基点开始偏移的一系列不带尺寸线的标注，它们只有一条尺寸界线和标注文字引线，且标注文字总是与引线平行。

此命令由当前 UCS 基准点生成基准尺寸标注。坐标表示从当前 UCS 原点（0，0）开始的 X、Y 距离。如果尺寸引线与 X 轴之间的夹角较小的话，标注尺寸为沿 Y 轴的距离，否则标注尺寸为沿 X 轴的距离。也可利用该命令的选项强制标注轴向。

12. 对象的快速标注

快速标注可快速地创建一系列尺寸标注。它特别适合创建系列基线或连续标注，或者为一系列圆或圆弧创建标注。

选择要标注的几何图形：
选择要标注的几何图形：↙
指定尺寸线位置或
[连续(C)/并列(S)/基线(B)/坐标(O)/半径(R)/直径(D)/基准点(P)/编辑(E) /设置(T)] <连续>：

此时若按回车键，AutoCAD 则按当前的选项对图形对象进行快速标注。否则可以根据提示输入一个选项，完成标注。各选项的含义如下：

1) 连续：创建一系列连续标注。

2) 相交：创建一系列相交标注。

3) 基线：创建一系列基线标注。

4) 坐标：创建一系列坐标标注。

5) 半径：创建一系列半径标注。

6) 直径：创建一系列直径标注。

7) 基准点：为基线和坐标标注设置新的基准点，这时系统要求用户选择新的基准。指定点后，AutoCAD 将返回前面的提示。

8) 编辑：AutoCAD 将提示用户从现有标注中添加或删除标注点。

9) 设置：指定尺寸界线原点设置默认对象捕捉。

4.2.4 添加形位公差

形位公差在机械图中极为重要，它对加工、装配有着重要的意义。如果形位公差不准确，则装配件不能正确装配。

在发出该命令后，系统将首先打开图 4-35 所示的形位公差对话框。

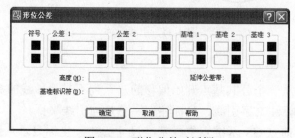

图 4-35   形位公差对话框

在形位公差对话框中，用户可通过如下方法输入公差值并修改符号：

1) 单击"符号"列第一个或第二个■框为第一个或第二个公差符号选择符号，系统将打开图 4-36 所示的符号对话框，从中选择公差符号。

2) 单击"公差 1"列前面的■，插入一个直径符号。

3) 在"公差 1"列中间的编辑框中输入第一个公差值。

4) 单击"公差 1"列后面的■（"包容条件"按钮）添加包容条件。

按照添加第一个公差值的方法还可添加第二个公差值。

图 4-36　选择公差符号

4.2.5　标注更新

可将新标注样式应用到现有标注，见图 4-37。

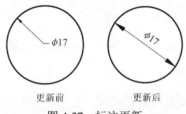

更新前　　　　　更新后

图 4-37　标注更新

创建标注时，当前标注样式将与之相关联，标注将保持此标注样式，除非对其应用新标注样式，或设置标注样式替代。命令格式：

命令：_-dimstyle
当前标注样式：ISO-25
输入标注样式选项
[保存(S)/恢复(R)/状态(ST)/变量(V)/应用(A)/?] <恢复>：

它包括如下选项：

1) 保存：将标注系统变量的当前设置保存到标注样式。

2) 恢复：将尺寸标注系统变量设置恢复为选定标注样式的设置。

3) 状态：显示所有标注系统变量的当前值。

4) 变量：列出某个标注样式或选定标注的标注系统变量设置，但不修改当前设置。

5) 应用：将当前尺寸标注系统变量设置应用到选定标注对象，永久替代应用于这些对象的任何现有标注样式。

4.2.6　编辑标注

该命令提供了对尺寸指定新文字、调整文字到缺省位置、旋转文字和倾斜尺寸界线的功能，它影响标注文字和尺寸界线，见图 4-38。

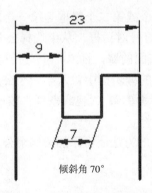

图 4-38　编辑标注的倾斜选项

命令：_dimedit

输入标注编辑类型 [默认(H)/新建(N)/旋转(R)/倾斜(O)] <默认>：

它包括如下选项：

1) 默认：移动标注文字到缺省位置。

2) 新建：使用多行文字编辑器对话框修改标注文字。

3) 旋转：旋转标注文字。

4) 倾斜：调整线性标注尺寸界线的倾斜角度。

4.2.7　编辑标注文字

用于移动和旋转标注文字。命令格式：

命令：_dimtedit

选择标注：

指定标注文字的新位置或 [左(L)/右(R)/中心(C)/默认(H)/角度(A)]：

1) 左：沿尺寸线左对齐文字。该选项适用于线性、半径和直径标注。

2) 中心：把标注文字放在尺寸线的中心。

3) 右：沿尺寸线右对齐文字。该选项适用于线性、半径和直径标注。

4) H：将标注文字移至缺省位置。

5) A：将标注文字旋转至指定角度。

4.2.8　标注关联命令

该命令用于将非关联性标注转换为关联标注，或改变关联标注的定义点。该命令的调用方式为：

菜单：标注 → 重新关联标注

如果用户选择的是关联标注，则该标注的定义点上显示"⊠"标记；而如果用户选择的是非关联标注，则该标注的定义点上显示"×"标记。无论选择何种标注，系统均进一步要求对其重新指定标注界线或标注对象，并由此将非关联标注转换为关联标注，或对关联标注重新定义。

4.2.9 更新关联标注

该命令用于更新当前图形中所有关联标注的定义点，其调用方式为：

命令：dimregen

通常在以下三种情况中需要调用该命令对关联标注进行更新：

1) 在激活模型空间的布局中使用鼠标滚轮进行平移或缩放后，应更新在图纸空间中创建的关联标注。

2) 打开已使用该程序的早期版本修改的图形后，如果已经对标注对象进行修改，请更新关联标注。

3) 打开包含有外部参照的文件并对其进行标注后，如果被标注的外部参照几何对象被修改，则需要更新关联标注。

4.2.10 机械图中的标注

工程标注是零件制造和零部件装配时的重要依据。在一幅机械图上，工程标注是不可缺少的重要部分，工程标注与图形同样重要。

在进行工程图的尺寸标注时，标注样式应符合我国机械制图的国家标准。标注时一般应遵守如下六个规则：

1) 为尺寸标注创建一个独立的图层，使之与机械图中的其他信息分开，便于进行各种操作。

2) 为尺寸文本建立专门的文字样式（如前述的"汉字长仿宋体"和"字母长仿宋体"）。

3) 将尺寸单位设置为所希望的计量单位，并将精度取到所希望的最小单位。

4) 利用尺寸样式对话框，调整尺寸整体比例因子。

5) 充分利用对象捕捉方式，以便快捷拾取定义点。

6) 设置符合我国机械制图国家标准的标注样式。

系统缺省的标注样式为 ISO-25，为符合我国机械制图国家标准一般需对缺省标注 ISO-25 作如下修改：

(1) 更改缺省标注样式 ISO-25 的文字样式

单击尺寸工具栏的尺寸样式图标 ，系统则打开标注样式管理器对话框。在标注样式列表中选中 ISO-25，然后单击［修改］。系统打开修改标注样式对话框，在文字标签页，将字母长仿宋体（italic.shx，宽度比例 0.67）设为当前尺寸文字样式。单击［确定］，单击［关闭］。

(2) 调整样式 ISO-25 的基线型标注的尺寸线间距

在尺寸与箭头标签页，将原基线间距 3.75 改为 6。

(3) 修改样式 ISO-25 的直径标注方式（"ISO-25：直径"）

单击尺寸工具栏的尺寸样式图标，系统则打开标注样式管理器对话框。在标注样式列表中选中 ISO-25，然后单击［新建...］，在创建新标注样式对话框中，选基础样式为"ISO-25"，在用于下拉列表中选"直径标注"，单击［继续］，系统返回标注样式管理器对话框。打开调整标签页，点取"文字和箭头"单选项，勾选"标注时手动放置文字"。单击［确定］，单击［关闭］。

(4) 修改样式 ISO-25 的角度标注方式（"ISO-25：角度"）

创建方法同前述类似。在创建新标注样式对话框中，选基础样式为"ISO-25"，在用于下拉列表中选"角度标注"。在文字标签页，文字对齐方式单选"水平"。

(5) 新建一个带前缀"ϕ"的标注样式

在机械图上，直径尺寸经常是标注在矩形视图上的，现设置一个带前缀"ϕ"的标注样式。

在标注样式管理器对话框中，选中标注样式列表中的 ISO-25，然后单击［新建...］，在创建新标注样式对话框中，新样式名设为"直径"，选基础样式为"ISO-25"，在用于下拉列表中选"所有标注"，单击［继续］，系统返回标注样式管理器对话框。打开主单位标签页，在前缀文本框中输入"%%c"。单击［确定］，单击［关闭］。

4.3　表　　格

AutoCAD 2005 及其更高的版本新增加了表格的功能，表格是在行和列中包含数据的对象。从此可以直接插入表格对象而不用绘制由单独的直线组成的栅格。

可以通过指定行和列的数目以及大小来设置表格的格式，也可以定义新的表格样式并保存这些设置以供将来使用。

4.3.1　创建和修改表格

单击 ▦ 创建表格对象时，首先创建一个空表格，然后在表格的单元中添加内容。表格创建完成后，用户可以单击该表格上的任意网格线以选中该表格，然后通过使用"特性"选项板或夹点来修改该表格。使用夹点修改表格的方法如图 4-39 所示。

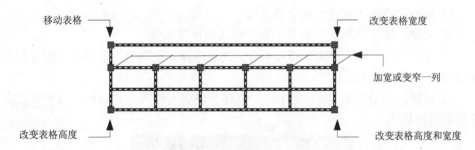

图 4-39　夹点方式修改表格

在单元内单击以选中单元格，单元边框的中央将显示夹点。在另一个单元内单击可以将选中的内容移到该单元。拖动单元上的夹点可以使单元变大或变小。

要选择多个单元，可以单击并在多个单元上拖动。按住［Shift］键并在另一个单元内单击，可以同时选中这两个单元以及它们之间的所有单元。

选中单元后，可以单击鼠标右键，然后使用快捷菜单上的选项来插入/删除列和行、合并相邻单元或进行其他修改。

4.3.2　表格样式

表格的外观由表格样式控制，用户可以使用默认表格样式 Standard，或创建自己的表格样式。

菜单：格式　→　表格样式

打开如图 4-40 所示的表格样式对话框，各项的含义如下：

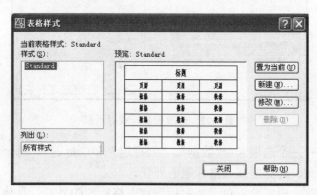

图 4-40　表格样式对话框

1) 当前表格样式：显示应用于所创建表格的表格样式的名称，默认表格样式为 Standard。

2) 样式：显示表格样式列表，当前样式被亮显。

3) 列出：控制"样式"列表的内容。

4) 预览：显示"样式"列表中选定样式的预览图像。

5) 置为当前：将"样式"列表中选定的表格样式设置为当前样式，所有新表格都将使用此表格样式创建。

6) 新建：显示如图 4-41 所示的"创建新的表格样式"对话框，从中可以定义新的表格样式。

图 4-41　创建新的表格样式对话框

7) 修改：显示如图 4-42 所示的"修改表格样式"对话框，从中可以修改表格样式。

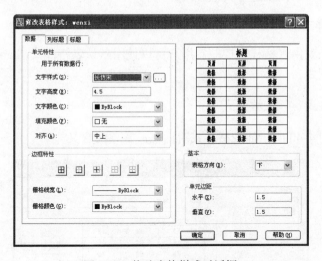

图 4-42　修改表格样式对话框

对话框中有三个选项卡："数据"、"列标题"和"标题"，每个选项卡上的选项设置数据单元、列标题或表格标题的外观。

· 单元特性：设置数据单元、列标题和表格标题的外观，具体取决于当前所用的选项卡。

· 边框特性：控制单元边界的外观。边框特性包括栅格线的线宽和颜色。

· 预览：显示当前表格样式设置效果的样例。

· 基本：更改表格方向。

• 单元边距：控制单元边界和单元内容之间的间距。单元边距设置应用于表格中的所有单元，默认设置为 0.06（英制）和 1.5（公制）。

8）删除：删除"样式"列表格中选定的表格样式，但是不能删除图形中正在使用的样式。

4.3.3　向表格中添加文字和块

创建表格后，会亮显第一个单元，显示"文字格式"工具栏时可以开始输入文字，单元的行高会加大以适应输入文字的行数。要移动到下一个单元，可以按 [Tab] 键，或使用箭头键向左、向右、向上和向下移动。

在表格单元中插入块时，或者块可以自动适应单元的大小，或者可以调整单元以适应块的大小。

在单元内，可以用箭头键移动光标，使用工具栏和快捷菜单可以在单元中格式化文字、输入文字或对文字进行其他修改。

4.3.4　在表格中使用公式

表格单元可以包含使用其他表格单元中的值进行计算的公式。选定表格单元后，可以从快捷菜单中插入公式，也可以打开文字编辑器，然后在表格单元中手动输入公式。

(1) 插入公式

在公式中，可以通过单元的列字母和行号引用单元。例如，表格中左上角的单元为 A1，合并的单元使用左上角单元的编号。单元的范围由第一个单元和最后一个单元定义，并在它们之间加一个冒号。例如，范围 A5：C10 包括第 5 行到第 10 行 A、B 和 C 列中的单元。

公式必须以等号 (=) 开始。用于求和、求平均值和计数的公式将忽略空单元以及未解析为数值的单元。如果在算术表达式中的任何单元为空，或者包含非数字数据，则其他公式将显示错误 (#)。

(2) 复制公式

在表格中将一个公式复制到其他单元时，范围会随之更改，以反映新的位置。例如，如果 A10 中的公式对 A1 到 A9 求和，则将其复制到 B10 时，单元的范围将发生更改，从而该公式将对 B1 到 B9 求和。

如果在复制和粘贴公式时不希望更改单元地址，需要在地址的列或行处添加一个美元符号 ($)。例如，如果输入$A10，则列会保持不变，但行会更改。如果输入A10，则列和行都保持不变。

(3) 自定义列字母和行号的显示

默认情况下，选定表格单元进行编辑时，文字编辑器将显示列字母和行号，使用 TABLEINDICATOR 系统变量可以打开和关闭此显示。

4.4　零件图的绘制

前面各章节介绍了平面图形的基本绘制和编辑方法。为了提高读者的实际动手能力，尽快让读者熟练掌握 AutoCAD 绘制机械图的方法和技巧，本节结合具体的机械零件图来比较详细地讲解零件图的绘制方法和技巧。

4.4.1　轴类零件的绘制

本例将绘制如图 4-43 所示的轴类零件，并为其标注尺寸。读者可通过本例了解线型比例、坐标系设置和运行对象捕捉模式，以及标注样式的创建和尺寸标注方法。

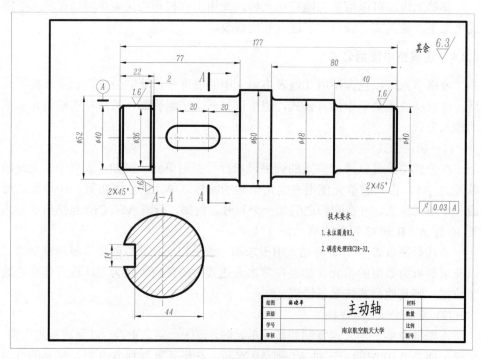

图 4-43　主动轴的零件图

step1. 在今日窗口选 "my_a3_h.dwt" 样板文件创建一幅新图

step2. 设置绘图环境

(1) 设置新图层

单击图形对象工具栏的图层图标，在图层特性管理器对话框中，根据零件图上的线型与标注，建立 6 个图层（图 4-44），其图层名与属性分别为：

图层名	颜色	线型	线宽
粗实线	白	Continuous	0.30
虚　线	黄	Dashed	0.15
中心线	红	Center	0.15
尺寸线	绿	Continuous	0.15
文　字	白	Continuous	0.15
剖面线	白	Continuous	0.15

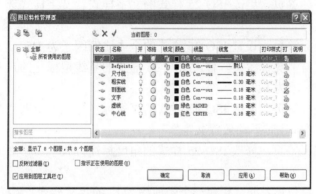

图 4-44　图层特性管理器对话框

(2) 设置线型比例

选取线型控件列表中的"其他…"选项,在系统打开的线型管理器对话框中,将"全局比例因子"设为 0.2。

(3) 设置文字样式

调用设置文字样式命令,系统打开文字样式对话框。

菜单:格式 → 文字样式 …

新建两个文字样式见图 4-45。

图 4-45　文字样式对话框

其样式名与属性分别为：

文字样式名	字体名	宽度比例
汉字长仿宋体	仿宋体 GB-2312	0.67
字母长仿宋体	italic.shx	0.67

(4) 设置标注样式

1) 在文字标签页，更改 ISO-25 样式的文字样式。文字样式选"字母长仿宋体"。

2) 在调整标签页，设置 ISO-25 样式的全局比例因子为 1.5。

3) 在尺寸与箭头标签页，修改 ISO-25 样式的基线型标注的尺寸线间距。将原基线间距 3.75 改为 6。

4) 在调整标签页，修改 ISO-25 样式的直径标注方式。点取"文字和箭头"单选项，勾选"标注时手动放置文字"。

5) 在文字标签页，修改 ISO-25 样式的角度标注方式。文字对齐方式选"水平"。

6) 打开主单位标签页，新建一个带前缀"Ø"的尺寸样式。新样式名设为"直径"，在前缀文本框中输入"%%c"。

step3. **绘制绘图基准线**（**图 4-46**）

将"中心线"层设为当前图层，打开"极轴"、"对象捕捉"、"对象追踪"。

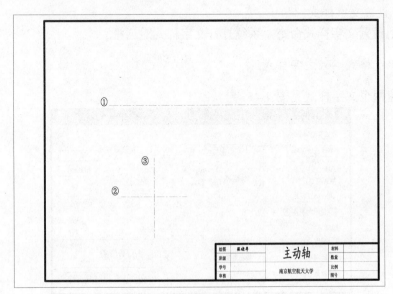

图 4-46

(1) 画水平轴线

单击直线图标 ✐，系统提示：

指定第一点：单击鼠标左键在屏幕指定①点。鼠标右移，显示水平追踪矢量。

指定下一点或 [放弃(U)]：　200↙

指定下一点或 [放弃(U)]：↙

(2) 画键槽剖面的中心线

单击直线图标 ✐，系统提示：

指定第一点：指定②点。鼠标右移，显示水平追踪矢量。

指定下一点或 [放弃(U)]：70↙

指定下一点或 [放弃(U)]：↙

命令：↙

命令：_line 指定第一点：指定③点。鼠标下移，显示垂直追踪矢量。

指定下一点或 [放弃(U)]：70↙

指定下一点或 [放弃(U)]：↙

step4. 绘制轴的主视图的上半个轮廓线（图 4-47）

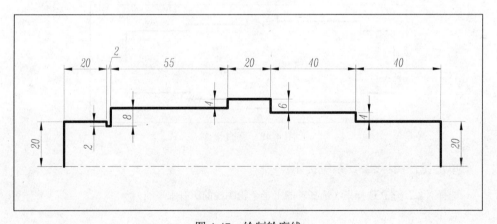

图 4-47　绘制轮廓线

将"粗实线"层设为当前图层。"极轴"、"对象捕捉"、"对象追踪"为打开状态。调用画直线命令后，沿直线绘制方向移动鼠标，待系统显示追踪矢量时，键入该段直线的长度。以下是从轴的上半个轮廓线的左端点逐段绘制到右端点的操作过程：

单击直线图标 ✐，系统提示：

指定第一点：捕捉水平轴线的左端点。　　　然后，鼠标上移，显示垂直追踪矢量。

指定下一点或 [放弃(U)]：20↙　　　然后，鼠标右移，显示水平追踪矢量。

指定下一点或 [放弃(U)]：20↙　　　然后，鼠标下移，显示垂直追踪矢量。

指定下一点或 [闭合(C)/放弃(U)]：2↙　　然后，鼠标右移，显示水平追踪矢量。

指定下一点或 [闭合(C)/放弃(U)]：2↙　　然后，鼠标上移，显示垂直追踪矢量。以后，以

此类推。

指定下一点或 [闭合(C)/放弃(U)]：　8↙　然后，向上画。

指定下一点或 [闭合(C)/放弃(U)]：55↙　然后，向上画。

指定下一点或 [闭合(C)/放弃(U)]：　4↙　然后，向右画。

指定下一点或 [闭合(C)/放弃(U)]：20↙　然后，向下画。

指定下一点或 [闭合(C)/放弃(U)]：　6↙　然后，向右画。

指定下一点或 [闭合(C)/放弃(U)]：40↙　然后，向下画。

指定下一点或 [闭合(C)/放弃(U)]：　4↙　然后，向右画。

指定下一点或 [闭合(C)/放弃(U)]：40↙　然后，向下画。

指定下一点或 [闭合(C)/放弃(U)]：20↙

指定下一点或 [闭合(C)/放弃(U)]：　↙

step5. 垂直镜像轴的上半个轮廓线的所有水平线（图 4-48）

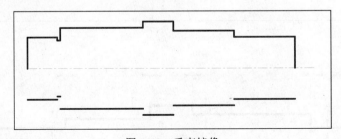

图 4-48　垂直镜像

单击镜像图标，系统提示：

选择对象：建立选择集（选择轴的上半个轮廓线的所有水平线）。

总计 6 个

选择对象：　↙

指定镜像线的第一点：捕捉水平轴线的左端点。

指定镜像线的第二点：捕捉水平轴线的右端点。

是否删除源对象？[是(Y)/否(N)] <N>：　↙

step6. 向下延伸轴的上半个轮廓线的所有垂直线（图 4-49）

单击延伸图标，系统提示：

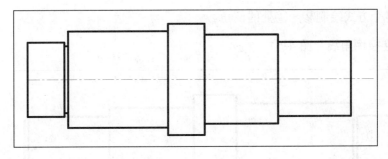

图 4-49   延伸

当前设置：投影=UCS，边=延伸

选择边界的边...

选择对象：选择轴的下半个轮廓线的所有水平线。

总计 6 个

选择对象：∠

选择要延伸的对象：分别选取轴的各垂直线的下端作延伸。

step7. 对轴的两端作倒角（图 4-50）

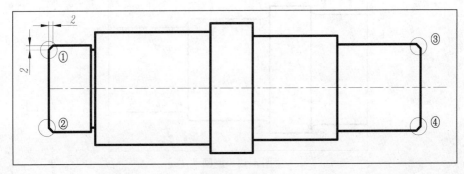

图 4-50   倒角

单击延伸图标 ，系统提示：

（“修剪”模式) 当前倒角距离 1 = 10.0000，距离 2 = 10.0000

选择第一条直线或[放弃(U)/多段线(P)/距离(D)/角度(A)/修剪(T)/方式(E)/多个(M)]：   d∠

指定第一个倒角距离 <10.0000>：   2∠

指定第二个倒角距离 <2.0000>：   ∠

选择第一条直线或[放弃(U)/多段线(P)/距离(D)/角度(A)/修剪(T)/方式(E)/多个(M)]：选择①

处的一条直角边。

选择第二条直线,或按住 Shift 键选择要应用角点的直线：选择①处的另一条直角边。

用多个方式绘制②~④处的倒角。

step8. 连接倒角线（图 4-51）

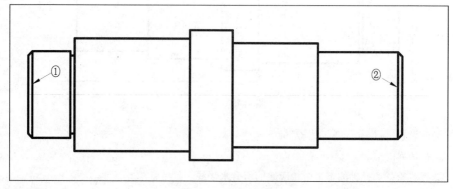

图 4-51　连接倒角线

单击直线图标 ✎，利用对象捕捉，绘制①、②两处的直线。

step9. 在轴肩处倒圆（图 4-52）

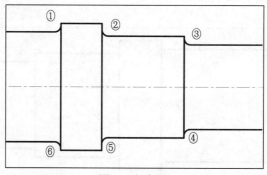

图 4-52　倒圆

1) 使用不修剪方式绘制倒圆。

单击圆角图标 ◤，系统提示：

当前模式：模式 = 修剪，半径 = 10.0000

选择第一个对象或 [多段线(P)/半径(R)/修剪(T)]：<u>r↙</u>

指定圆角半径 <10.0000>：<u>3↙</u>

选择第一个对象或 [放弃(U)/多段线(P)/半径(R)/修剪(T)/多个(M)]：<u>t↙</u>

输入修剪模式选项 [修剪(T)/不修剪(N)] <修剪>：<u>n↙</u>

选择第一个对象或[放弃(U)/多段线(P)/半径(R)/修剪(T)/多个(M)]：选择①处一条直角边。

选择第二个对象，或按住［Shift］键选择要应用角点的对象：选择①处的另一条直角边。

用多个方式绘制②～⑥处的倒圆。

2) 在倒圆处分别选择六段小圆弧作为修剪边，对圆角处多余的水平线段进行修剪。

step10. 绘制键槽（图 4-53）

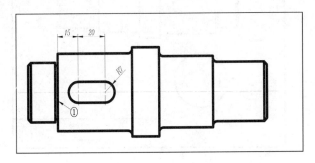

图 4-53　绘制键槽

1) 用偏移方式绘制键槽的两根垂直中心线。

单击偏移图标　，系统提示：

指定偏移距离或 [通过(T)/删除(E)/图层(L)] <通过>：<u>15</u>↙

选择要偏移的对象或[退出(E)/放弃(U)] <退出>：选择①处的线。

指定要偏移的那一侧上的点，或[退出(E)/多个(M)/放弃(U)]<退出>：在右侧任意拾取一点。

选择要偏移的对象，或 [退出(E)/放弃(U)] <退出>：↙

命令：↙

指定偏移距离或 [通过(T)/删除(E)/图层(L)] <20.0000>：<u>35</u>↙

选择要偏移的对象或[退出(E)/放弃(U)] <退出>：选择①处的线。

指定要偏移的那一侧上的点，或[退出(E)/多个(M)/放弃(U)]<退出>：在右侧任意拾取一点。

选择要偏移的对象，或 [退出(E)/放弃(U)] <退出>：↙

2) 将键槽的垂直中心线从粗实线层移至中心线层。

先选中两根键槽的垂直中心线，然后在图层控件列表里选中心线图层，键槽的两根垂直中心线即被移至中心线层。

用夹点操作调整键槽的两根垂直中心线的长度。要取消夹点显示只需按［Esc］键。

3) 绘制键槽轮廓线。

使用"对象捕捉"，先绘制两端半径为 R5 的小圆，然后绘制上下两根直线，最后以直线为修剪边，修剪掉中间的两个半圆弧。

step11. 绘制轴的移出剖面（图 4-54）

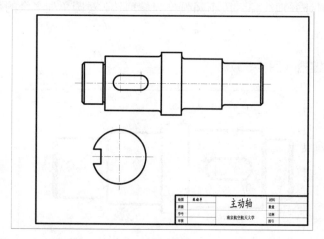

图 4-54

1) 在图层控件将粗实线层设为当前层，绘制半径为 R26 的圆。

2) 利用偏移命令绘制键槽的两条宽度边和一条深度边，见图 4-55。

单击偏移图标 ⬚，系统提示：

　　指定偏移距离或 [通过(T)/删除(E)/图层(L)] <18.0000>：7↙

　　选择要偏移的对象或[退出(E)/放弃(U)] <退出>：选择剖面的水平中心线。

　　指定要偏移的那一侧上的点,或[退出(E)/多个(M)/放弃(U)]<退出>：在剖面水平中心线的上方任意一点单击。

　　选择要偏移的对象，或 [退出(E)/放弃(U)] <退出>：再次选择剖面的水平中心线。

　　指定要偏移的那一侧上的点，或 [退出(E)/多个(M)/放弃(U)] <退出>：在剖面水平中心线的下方任意一点单击。

　　选择要偏移的对象，或 [退出(E)/放弃(U)] <退出>：↙

用同样的方法绘制键槽的深度线，此时，作距离剖面垂直中心线为 18 的左侧偏移线。

3) 修剪键槽部分，并将键槽的三条边移至粗实线层，编辑结果见图 4-56。

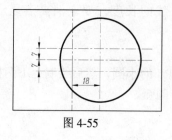

图 4-55

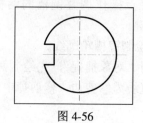

图 4-56

step12. 剖面图案填充

在图层控件将剖面线层设为当前层。

单击图案填充图标 ，系统打开边界图案填充对话框，在"快速"标签页，单击图案右边的［…］，在系统打开的填充图案控制板中，选 ANSI 页的 ANSI31 图案，单击［确定］，系统返回边界图案填充对话框。单击拾取点按钮 ，系统切换到绘图窗口，在剖面被中心线划分的四个区域内分别拾取一点，见图 4-57。单击鼠标右键，在快捷菜单选"确认"，系统返回边界图案填充对话框，单击［确定］。填充结果见图 4-58。

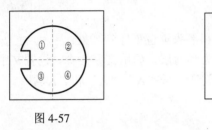

图 4-57　　　　　　　　　　　图 4-58

step13. 剖面标注（图 4-59）

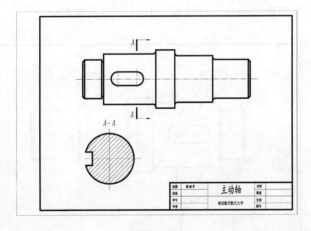

图 4-59

1）绘制表示剖切位置①处的短直线，该线应与键槽右端垂直中心线的 X 坐标对齐，见图 4-60。

打开"对象捕捉"、"极轴追踪"。在图层控件将粗实线层设为当前层，调用直线命令，先捕捉键槽右端的垂直中心线端点，然后上移鼠标，待出现极轴追踪矢量时，在合适的高度拾取一点，再以合适的长度拾取另一点。

2）在图层控件将尺寸线层设为当前层，利用引线标注，绘制表示剖面翻转方向的①处的剖切箭头，见图 4-61。

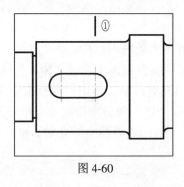
图 4-60

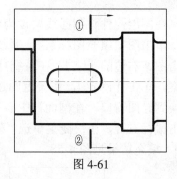
图 4-61

3) 将绘制好的①处的短线和箭头垂直镜像到②处。

4) 在图层控件将文字层设为当前层，调用文字命令，设置文字样式为"字母长仿宋体"，字高 6，分别绘制剖切符号"A"、"A"和"A-A"。

step14. 尺寸标注

在图层控件将尺寸线层设为当前层，打开"对象捕捉"。

1) 将 ISO-25 设为当前标注样式。标注轴的所有线性尺寸，见图 4-62。

2) 调用文字和直线命令，标注倒角尺寸，见图 4-62。

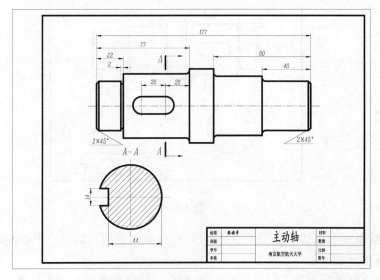
图 4-62

3) 将"直径"设为当前标注样式。标注主视图上的所有直径尺寸，见图 4-63。

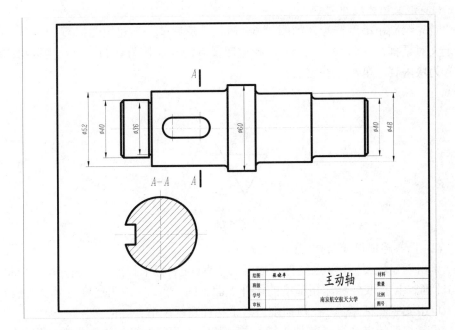

图 4-63

step15. 标注粗糙度与形位公差（图 4-64）

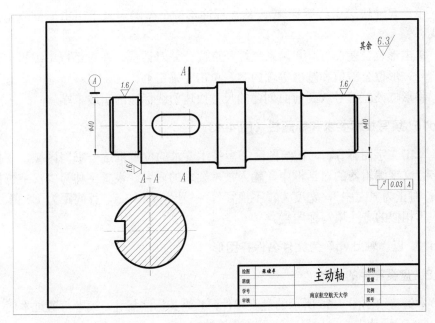

图 4-64

(1) 定义粗糙度符号块

首先绘制粗糙度符号，如图 4-65 所示。然后单击创建块图标 🔲，系统打开块定义对话框，输入块名"ccd"，拾取粗糙度的底点作为块的基点，拾取粗糙度符号为块内容。单击［确定］。

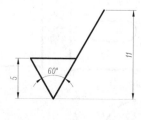

图 4-65

(2) 插入粗糙度符号块

单击创建块图标 🔲，系统打开插入对话框，在名称下拉列表中选择块名"ccd"，单击［确定］。拾取要标注粗糙度的零件表面上的一点，完成粗糙度符号块的插入。

单击文字图标 **A**，在粗糙度符号上标注粗糙度值。

重复相似的操作插入其他粗糙度符号块，不同的粗糙度表面粗糙度值不同，插入粗糙度符号旋转的角度也不同。

(3) 形位公差标注

使用直线、文字和圆命令绘制形位公差的基准符号。

单击尺寸快速引线图标 ➘，从需标注形位公差的对象上引出形位公差标注箭头。

单击形位公差图标 🔲，系统打开形位公差对话框，在对话框中编辑形位公差符号、形位公差值和基准等项内容，单击［确定］。

将形位公差符号放到前面创建的尺寸快速引线标注的引线末端。

step16. 填写技术要求和标题栏（图 4-43）

单击文字图标 **A**，在绘图区书写技术要求的位置框选一书写区域，在打开的多行文字编辑器的对话框中，输入技术要求的内容。设置字体为"汉字长仿宋体"，对正为"左中"，宽度为"不换行"，字号为 4 和 3.5，行间距为 1.5 倍。

用相似的方法填写标题栏。

step17. 以"轴.dwg"为文件名保存图形

4.4.2 盘类零件的绘制

本例将绘制图 4-66 所示的盘类零件，并为其标注尺寸。读者可通过本例了解 AutoCAD 设计中心，以及标注尺寸公差的方法。

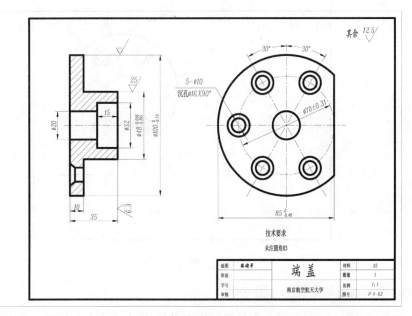

图 4-66 端盖的零件图

step1. 在今日窗口选"my_a3_h.dwt"样板文件创建一幅新图

step2. 使用 AutoCAD 设计中心，快速设置绘图环境

在上一例主动轴的图形中，已对文字样式、尺寸样式和图层定义等做了合适的设置。现在使用 AutoCAD 设计中心，复制主动轴的有关图形内容并粘贴到端盖图形中，以简化设置绘图环境的操作。

单击 AutoCAD 设计中心图标 ，系统打开 AutoCAD 设计中心窗口。

单击上方的加载图标 ，在设计中心窗口左侧的树状图中，查找到"轴.dwg"文件并选择。系统将"轴.dwg"的图形内容加载到右侧的控制板中。

分别双击窗口右侧控制板的"块"、"图层"、"标注样式"、"表格样式"、"文字样式"和"线型"项目，在其显示的详细列表中，选定需复制的对象将其直接拖到端盖零件的图形区。

step3. 绘制端盖的左视图（图 4-67）

打开"极轴"、"对象捕捉"，在"中心线"和"粗实线"图层上绘制相应的图形对象。

沉孔的投影可先绘制左端的两个同心圆，进行环形阵列，阵列个数为 6，然后删除右端的两个同心圆。

端盖右端的切割线先用偏移中心线的方式画，然后将偏移线移至"粗实线"层。

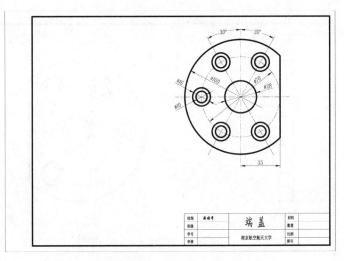

图 4-67 端盖左视图

step4. 绘制端盖的主视图（图 4-68）

打开"极轴"、"对象捕捉"和"对象追踪"。根据"主左视图高平齐"的规律，灵活使用"对象捕捉"和"对象追踪"模式，在相应的图层上绘制图形。

使用"极轴"模式在极轴矢量显示的方向上绘制主视图上的定长线段。

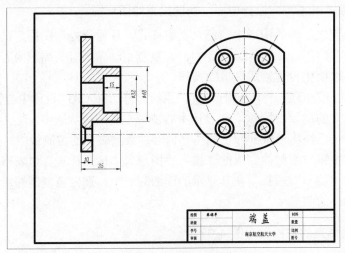

图 4-68 端盖的主视图

step5. 标注尺寸，标注粗糙度符号（粗糙度符号的绘制见图 4-65）

标注带公差的尺寸时，公差的字高应该比基本尺寸的字高小。

例如：要标注直径为 48，上偏差为-0.056,下偏差为-0.105 的一个尺寸。其具

体操作为:

1) 设置用于标注带公差尺寸的尺寸样式。

单击尺寸样式图标 ▧，新建一个尺寸样式"直径公差"。

选"主单位"标签页，在精度下拉框中选择"0.00"。在前缀编辑框中输入"%%C"。

选"公差"标签页，在"方式"下拉框中选择"极限偏差"。在精度下拉框中选择"0.0000"。在"上偏差"编辑框中输入-0.056，在"下偏差"编辑框中输入0.105（注意不要输入负号），在"高度比例"编辑框中输入0.6，在"垂直位置"下拉框中选择"中"，点击［确定］即可。

如果标注的偏差是一个数"0"，而国标规定标注时上下偏差要上下对齐，故此时标注时应在0的前边加一空格，使空格与"＋"对齐。

2) 将标注样式控件中的"直径公差"设为当前标注样式，并对带公差的对象进行标注。

3) 单击特性图标 ▧，使用特性窗口，可对尺寸公差的上下偏差等参数进行修改。

step6. 书写技术要求和填充标题栏（图 4-66）

step7. 以"端盖.dwg"为文件名保存图形

上 机 练 习

1. 绘制如图 4-69 所示的接线匣零件图（A4　297×210）。

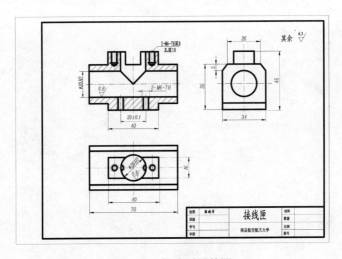

图 4-69　接线匣零件图

2. 绘制如图 4-70 所示的齿轮零件图（A4　210×297）。

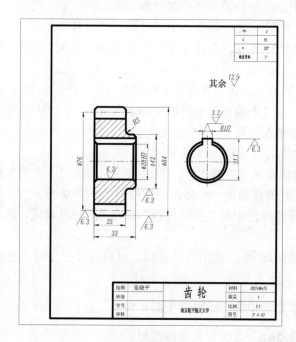

图 4-70　齿轮零件图

第 5 章

装配图绘制

学习本章后，你将能够：

◆ 掌握 AutoCAD 的图块操作

◆ 了解 AutoCAD 的图块属性

◆ 了解 AutoCAD 的外部参照

◆ 掌握 AutoCAD 设计中心的操作

◆ 绘制装配图

5.1 图　　块

5.1.1 图块简介

一张复杂的图纸上可能存在许多相同形状的图形实体。例如在一张宾馆的客房平面图上，有许多相同或类似的图形部分，像门、窗、办公桌、沙发、床、台灯等标准子图形。其使用频率很高，按常规的方法绘制，必然要花许多时间与精力用于重复工作。AutoCAD 提供的图块操作，可将这些在图中出现频率较高的标准子图形定义成图块，并存储起来便于以后调用。如上面提到的门、窗、办公桌等可定义成各自的图块，许多这样的图块放在一起就可组成一个图形库。再如，机械图里会重复出现的粗糙度符号及一些标准件也可以做成图块，生成一个符号库或标准件库。

图块是将选中的一个或多个实体组合在一起而生成的一个独立的图形实体。可将图块直接插入到图形中，或将图块经比例缩放、旋转等操作后，再插入到图中。由于图块被作为一个整体，因而可以像对待单独实体一样对其进行复制、移动、删除等操作。需拾取块时，只要点中块的任一部位，整个块就以虚线显示，表示已被选中。如果要修改图块内部的实体，可用分解命令先将其分解，原块就被分解成各个基本图形实体，然后再进行修改。修改结束后，再把这些基本图形实体重定义成块。AutoCAD 会自动根据图块修改后的定义，更新该图块的所有引用。

图块定义在内存中，随存盘命令保存在本张图纸上，只在绘制本张图纸时才可调用。另外还可以将块存储为一个独立的图形文件，也称为外部块。这样其他人就可以将这个文件作为块插入到自己的图形中，不必重新进行创建。因此可以通过这种方法建立图形符号库，供所有相关的设计人员使用。这既节约了时间和资源，又可保证符号的统一性和标准性。

1. 图块的特点

(1) 可建立常用符号库、标准件库和零部件库进行数据共享

各行业常需要使用一些行业内部的特殊符号及标准件，在 AutoCAD 中可以使用图块建立常用符号库和标准件库，当图形中用到这些符号或标准件时，不必重复创建图形元素，可以通过 AutoCAD 设计中心或直接从图库中插入相应的图块。利用图块技术企业还可以在产品系列化设计过程中，把常用的零部件建立成企业标准图库。

(2) 图块的方便、快速性

图块的定义、存储和调用都很方便。在不同的图纸上出现相同的图形部分时，

调用图块最便捷。即使是同张图上，重复出现同样图形部分时，调用图块也比复制方便、快速。如果有现成的图形库或符号库，AutoCAD 的绘图过程变得十分简洁，绘图速度大大加快。

(3) 图块的多变性（图 5-1）

对于许多系列化的产品，其结构形状基本一样，只是尺寸参数有所变化。可把其中的一个产品制成样板图块，块调用时，可以在 X、Y 方向给定各自的比例，可以给定旋转角。块的这种灵活多变性，使调用样板块时，可以指定不同的比例和角度，从而绘制出样板块的系列产品。即使有些变化，也可通过修改样板块来减少绘图时间。可以重新定义一个块来更新全图中的某个块，以修正全图。

(4) 节省磁盘空间

同样一张图，对反复出现的一组实体，若将它们建成块再调用，其图形文件要小于没使用块所绘制的图形文件。也就是说，在图形数据库中，插入当前图形中的同名块只存储为一个块定义，而不记录重复的构造信息，所以可大大地减少文件占用的磁盘空间。图块越复杂，插入的次数越多，越能体现其优越性。

(5) 图块的嵌套性

图块既然是一个单独的实体，它就和其他单个实体一样。图块和其他单个实体又可以定义成一个新块，这就叫图块的嵌套。AutoCAD 没有限制图块嵌套的层数。图块的嵌套性，使 AutoCAD 绘图更灵活多变。如螺栓、螺母、平垫片各是一个块，将它们组合起来就可定义成一个螺栓组图块。可对螺栓组图块进行移动、比例、阵列等编辑操作。假如将一个双头螺柱组图块去重定义螺栓组图块，则嵌套块螺栓组的块内容很方便地就被替换了，见图 5-2。

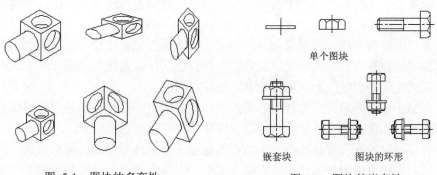

图 5-1 图块的多变性   图 5-2 图块的嵌套性

(6) 便于修改

当一张图上多次调用了一个图块，若想对该图块进行修改，不必将旧图块一一删除，再重新插入新图块。更不用分解每个图块后，对它们作同样的修改。只需执行一个新图块对旧图块的重定义操作，则图形文件中所有用到此图块的地方都将被更新，减少了重复修改的工作量。

(7) 便于数据管理

建立了图块后，可以为图块附加文本信息——属性。在块插入时带入或者重新输入文本信息，这些文本信息可以从图形中提取出来，为后续的企业数据管理提供数据源。

2. 图块和图层

AutoCAD 可将不同层的单个实体定义成一个图块，见图 5-3。单个实体的几何形状与图层、颜色和线型属性也被保留在块定义中。

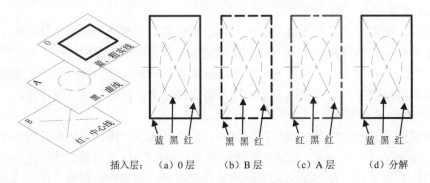

插入层：　　　(a) 0 层　　　(b) B 层　　　(c) A 层　　　(d) 分解

图 5-3　多层块在不同插入层的插入情况

当在某一当前层插入一个多层块时，原由指定的颜色和线型定义的单个实体，仍保留原颜色和线型，原随层定义的非零层的单个实体还保留原图层的颜色与线型。原随层定义的零层的单个实体接受了当前层的颜色和线型。所以，原随层定义的零层的实体就像一条"变色龙"，随图块插入时的当前层的颜色和线型而变。

多层图块插入后，除零层外，图块上的每个图形元素还绘在原图层上，不管这些图层是打开的还是关闭的，若新图上没有该层，则系统自动建立该层，再将图形元素绘上去。零层上的图形元素，被绘在当前层。

多层块被分解后，会发现有些图线的线型或颜色有变化，那是因为图块中原零层的图形元素又从当前层回到零层，恢复了零层的颜色和线型。

若多层块的插入层被冻结，虽然在其他层还会有该多层块的图形元素，但包含在插入点的块引用被冻结，所有整个多层块所包含的图形元素都从图中消失。

5.1.2　图块的定义　🔲

可将图形中的某一部分图形实体定义成一个块，见图 5-4。

调用该命令后，系统将弹出块定义对话框，参见图 5-5。

该对话框各部分说明如下：

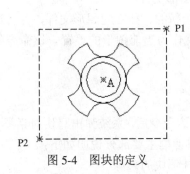

图 5-4　图块的定义　　　　　　　图 5-5　块定义对话

(1) 名称

指定块名。如果输入块名与已定义的块同名，一般情况下，需要重新输入另外的块名，如果坚持使用已有的块名，则所有在图形中插入的原有的图块将被新的图块替换。

(2) 基点

当插入块时将以基点为准。用户可在对话框中指定，或单击🔲按钮返回绘图区进行选择。缺省的块基点为图形文件当前用户坐标系的原点。

(3) 建立图块的选择集

用户可单击🔲图标返回绘图区选择块中要包含的对象，或单击🔽按钮弹出快速选择对话框来构造选择集。其中有三个单选项用于处理选择集中的图形。

1) 保留：创建块以后，将选定对象保留在图形中作为不同对象。

2) 转换为块：创建块以后，将选定对象转换成图形中的一个块引用。

3) 删除：创建块以后从图形中删除选定的对象。

(4) 设置

1) 块单位：指定块参照插入单位。

2) 按统一比例缩放：指定是否阻止块参照不按统一比例缩放。

3) 允许分解：指定块参照是否可以被分解。

4) 说明：指定块的文字说明。

5) 超链接：打开"插入超链接"对话框，可以使用该对话框将某个超链接与块定义相关联。

(5) 在块编辑器中打开

单击"确定"后，在块编辑器中打开当前的块定义。

5.1.3　图块的存储

用图块定义方法创建的块，只存在于当前图形中，该块只能在当前图形中使用，如果要在其他图形文件中调用此图块，必须使用 AutoCAD 设计中心或使用 AutoCAD 写块的功能把图块写入独立的图形文件中。

wblock 命令可将图块对象输出成一个新的、独立的图形文件，并且这张新图会将图层、线型、样式以及其他特性设置作为当前图形的设置。该命令的调用方式为：

命令：wblock

图 5-6　　写块对话框

调用该命令后，系统弹出写块对话框，参见图 5-6。该对话框主要部分说明如下：

(1) 外部块的来源

1) 块：由当前图形中存在块来创建外部块。

2) 整个图形：将当前的全部图形创建外部块。

3) 对象：建立对象选择集来创建外部块。

(2) 基点和对象栏的作用与定义内部块操作相同

(3) 目标

1) 文件名称：指定保存外部块的图形文件名称。

2) 位置：指定保存图形文件的路径。

3) 插入单位：指定新文件插入为块时所使用的单位。

当用户利用当前图形中所有对象来创建外部块时，块的基点为（0,0,0），用户可使用"base"命令来改变基点的坐标。

5.1.4　图块的插入

1. 使用绘图工具栏的块插入图标

执行此命令，系统打开如图 5-7 所示的插入对话框。

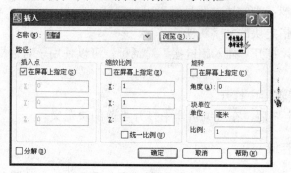

图 5-7　　图块插入对话框

系统首先要求在名称栏内选择一个已定义块，或者单击［浏览...］选择一个图形文件；接着要求输入插入点、比例、旋转角等值，输入方式可键盘输入，也可拖动指定，还可预设置这些参数。另外，还提供插入时是否分解的选择。

X、Y 比例的系统初值为 1，旋转角为零。除了直接用键盘输入插入比例和旋转角外，也可采用角点拖动定比法。

采用角点拖动法时，系统将插入点作为第一角点，当输入第二角点后，系统将两角点所确定矩形的宽和高分别作为 X 与 Y 的比例。

比例可以是负值，若 X 为负值，Y 为正值，图块插成过插入点的 Y 轴的镜像图，若 X 为正，Y 为负，图块插成过插入点的 X 轴的镜像图，若 X、Y 均为负，图块插成与插入点对称的图，如图 5-8 所示。

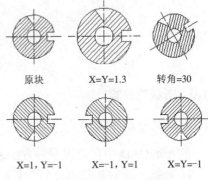

图 5-8　插入参数对图块插入的影响

2. 使用 AutoCAD 设计中心插入块

1) 从"工具"菜单中选择"AutoCAD 设计中心"，系统显示"设计中心"窗口。

2) 执行下列操作之一列出要插入的内容：

① 在"设计中心"工具栏上单击"文件夹"，单击包含要插入图形的文件夹。

② 单击"打开的图形"选项卡，选择要插入的文件。

3) 执行下列操作之一插入内容：

① 将图形文件或块拖放到当前图形中。如果以后要快速插入块并将此块移动或旋转到精确的位置，请使用此选项。

② 双击要插入到当前图形中的图形文件或块。如果在插入块时要指定其确切的位置、旋转角度和比例，请使用此选项。如果要从原图形文件中更新图形中的块参照，也请使用此选项。

5.1.5　块的嵌套和多重插入

1. 块的嵌套

用户在定义块时所选择的对象本身也可以是一个块，并且在选择的块对象中还可以嵌套其他的块，即块的定义可包括多层嵌套。嵌套块的层数没有限制，但不能使用嵌套的块的名称作为将要定义的新块的名称，即块定义不能嵌套自己。

2. 块的多重插入

利用 AutoCAD 中提供的阵列命令可插入一个块的多个引用，见图 5-9。

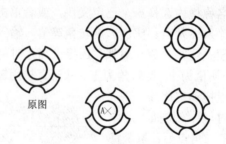

原图

图 5-9　图块的阵列

5.1.6　图块的分解

1. 块的分解方法

在 AutoCAD 中可使用两种方法来分解一个块：

1) 在插入块时选择"分解"复选框。

2) 调用分解命令进行分解。

无论使用哪种分解方法，所分解的对象只是块的引用，而块的定义仍然保存在图形文件中，并可随时重新进行引用。如果用户希望删除块的定义，则可使用"purge"命令。

2. 块的分解结果

按统一比例进行缩放的块引用，可分解为组成该块的原始对象。而对于缩放比例不一致的块引用，在分解时会出现不可预料的结果。

如果块中还有嵌套块或多段线等其他组合对象时，在分解时只能分解一层，分解后嵌套块或者多段线仍将保留其块特性或多段线特性。

5.1.7　图块的编辑

当对块进行编辑时，某些命令如复制、镜像、旋转等可直接使用，但是有些命令如修剪、延伸、偏移等不可直接使用。为了编辑块内的各个实体，需使用修改工具栏上的分解命令先将图块还原成生成图块时的各个实体，然后再进行编辑。当一个块被分解后，各个单个实体存储于图形文件中，而不再是一个整体。

5.1.8　图块的重定义

图块是 AutoCAD 绘图的一个有效手段，在一张图上，同一图块插入次数越多，越能体现使用图块的优点，可极大地提高绘图速度。如果有某个图块在图中多次调用过，现在对图中该图块内容要作一些修改，显然，用先分解再修改的方法去编辑多次出现的该图块，和先删除各图块，再重新执行一次次插入的方法都是烦琐而不现实的。在 AutoCAD 中，只需执行一个新图块对旧图块的重定义操作，则图形文件中所有用到此图块的地方都将被更新，减少了重复修改的工作量。

　　假如已定义了图块 Kuai，并以等比例（X、Y、Z 方向的比例均为 1）插入到当前图形中，如图 5-10 左图所示。现在希望用新块取代旧块，如图 5-10 右图所示。则操作如下：

1) 单击绘图工具栏的块定义图标 ，系统打开块定义对话框，见图 5-5。
2) 在名称下拉框中选中要重定义的块名（kuai）。
3) 单击，确定新的块插入基点（拾取六边形中心）。
4) 单击，建立新块的选择集（拾取六边形及圆）。
5) 单击［确定］按钮，系统询问"某块已定义，是否重定义?"，按［是］。结果将如图 5-10 右图所示。

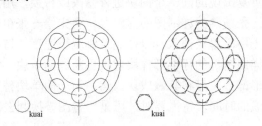

图 5-10　图块的重定义

5.1.9　图块替换更新

　　前面介绍了利用块重新定义方法来进行全局块引用编辑。除此之外，还可利用块替换方法来进行块引用的全局编辑。这种替换的原理是用一个图形文件替换所有的某个块引用。如图 5-11 所示，某图中已多次插入图块 LS，现要用图块 LSZ 去替换更新图块 LS，操作过程如下：

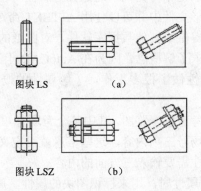

图 5-11　图块的替换与更新

(1) 用块存储命令 WBLOCK 将图块 LSZ 存成图形文件（LS.dwg）

命令：wblock

选择对象：

选择对象：

指定插入基点：

(2) 调用块插入命令 🗗

系统要求输入块名时，单击［浏览…］，在文件列表中选择 LS.dwg。

系统提示："LS 已定义，是否重定义？"

单击［是］按钮，图中所有螺栓即被螺栓组替换。

若对图中大量重复出现的同一个图块进行修改或替换，用此命令非常容易和方便。假如在绘制一张精确的详细图的前阶段，要先绘一张粗略的框架图，有些局部的标准部件可先用简单块插入，以提高绘制编辑速度。待框架图的总体设计图绘好后，就可用详细精确的标准部件块替换更新原简单块。另外，对一张大图上已绘制完善的图形部分，可将其做成块，然后用一简单块替换，继续绘制该大图时可节省重新生成的时间，待需要时，可重新将图替换回去。

5.1.10　图块的属性及应用

图块属性就是附加在图块里的非图形信息，例如，零件数量、型号、价格、原材料和制造商的名称等等。AutoCAD 带属性的图块是由图形对象和属性对象组成。当插入带有属性变量的图块时，AutoCAD 会提示输入和块一同存储的数据信息。当一个属性块插入图中后，也是作为一个单一的对象被编辑操作。

可以从图形中提取属性信息并在电子表格或数据库中用它创建条目，如部件列表或明细表。属性可以是不可见的，这意味着属性将不显示或打印。但是，属性中的信息仍存储于图形文件中并可以使用 ATTEXT 命令将其提取成文本文件，作为图纸的重要信息，提供给其他数据库软件，对图纸的信息进行管理。

对于初学者，只要求了解概念，因为在 AutoCAD 上开发的大量第三方软件，都直接或间接地利用属性做了很多工作，了解属性的概念有助于对这些软件的理解。

假如要绘制一张高考考场一览图，其中某个考场有 40 张桌子，每张桌上要标出桌号、考生姓名、考场号三项内容，这些信息就可定义成属性对象，附加在每张桌子上。定义一个属性需要输入三方面的内容：

1) 属性名：在定义属性时，用来标识图块的属性。属性名中不能有空格。

2) 属性提示：在块引用时，系统按属性提示的内容显示一行，作为输入属性值前的提示信息。假若属性提示用空回车响应，系统到时就用属性名作为提示信息显示。若是常量属性，块引用时，系统不显示属性提示这一行。

3) 属性值：若是常量属性与预设置属性，此时输入一个值后，系统在块引用时，就不要求再输入该属性值；若是变量属性，此时若输入一个值，块引用时，这个值就作为属性的缺省值，可用回车响应，或重新输入属性值。

根据属性块使用时其属性的可见性和属性值的写入方法，属性分为以下几种模式：

① 不可见：属性值在图中不显示，否则属性值为可见。

② 常量：属性值为固定值，常量属性值不可编辑。否则属性值为变量，可以编辑。

③ 校验：输入变量属性值后，AutoCAD 提示该属性值，要求进一步确认。否则为不校验。

④ 预设置：属性定义时就将属性值写入，块引用时，不需再输入该值，与常量的区别在于预设置值可编辑。

一个属性块可包含若干个属性，先要进行属性定义，然后用创建块命令建立一个图形对象与属性对象组合的块。

1. 定义属性

菜单：绘图 → 块 → 定义属性…

执行命令后，出现属性定义对话框，如图 5-12 所示。

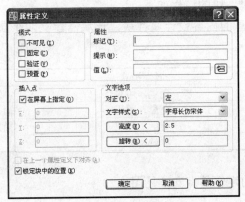

图 5-12　属性定义对话框

下面介绍该对话框有关选项含义：

(1) 模式

其属性模式分别为不可见、固定、校验、预置。根据所定义属性值的情况适当选择该组复选钮，其中，除了固定模式不能与验证模式及预置模式组合使用外，属性模式可以是任何其他一种组合。

(2) 属性

若属性模式是常量或预设置，必须输入属性名和属性值。若是变量属性，此时若输入属性值，块引用时，该值作为缺省值显示。常量属性不需输入属性提示。变量属性或预设置属性在属性提示框空白时，系统使用属性名提示。

(3) 插入点

点选在屏幕上指定框，定位基点就由屏幕上光标指定一点确定；或者在 X、Y 和 Z 右边的文本框中输入定位基点的坐标。

(4) 文字选择

就文本格式中的对齐方式、文字样式、字高及书写基线方向角进行设置。

(5) 在上一个属性定义下对齐

属性在上个属性的下一行自动对齐显示，且字体式样、字高和转角均与上一属性一致。

2. 定义块的属性

假设有三张桌子，其上附加有如下信息：

桌号	考生姓名	准考证号	考场号
No.1	李华	98012725	13
No.2	王苹	98013894	13
No.3	张晓方	98014637	13

建立一个桌子属性块的过程如下：

1) 根据附加信息的内容设计属性块，该块需建立四个属性，其属性模式分别为：

属性名	属性模式	属性提示
桌号	变量，可见	输入桌号
考生姓名	变量，可见	输入考生姓名
准考证号	变量，可见	输入准考证号
考场号	常量，可见	

各属性在块中的定位基点安排见图 5-13。

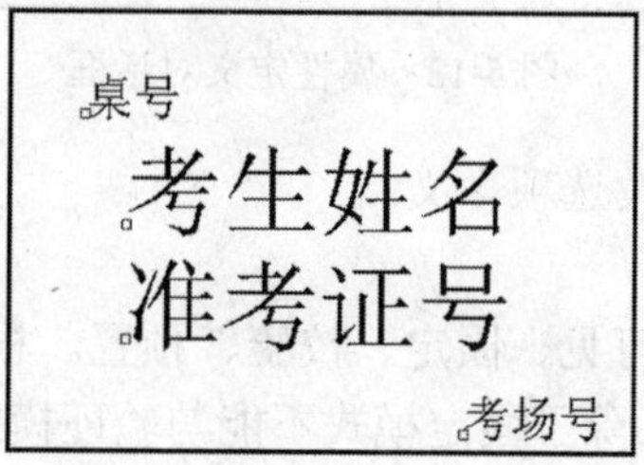

图 5-13　各属性的定位基点

2）画桌子的矩形对象。

3）进行属性定义。

菜单：绘图 →块→定义属性…

在属性定义对话框中，先定义第一个属性"桌号"，见图 5-14。

图 5-14　属性"桌号"的定义

① 在模式中，不选任何标记。

② 在属性前两个文本框里，分别输入"桌号"和"输入桌号"。

③ 点选在屏幕上指定框，在图中的矩形框内，指定桌号属性的定位点。

④ 在文字选项中，分别定义桌号属性的对齐方式、字样、字高和文本底线方位角。

用同样方法分别定义考生姓名、准考证号和考场号三个属性。

3. 建立桌子属性块

1）单击绘图工具栏的创建块图标 ，打开块定义对话框。

2）在名称中输入块名：桌子。

3）单击 ，在图中指定"桌子"图块的插入基点。

4）单击 ，确定图块选择集。按序点选桌号、考生姓名、准考证号、考场号和矩形对象。

5）其他选项按缺省值设置，单击 [确定]。

"桌子"属性块定义完成。

以上图块选择集也可用窗口选择，但用点选方式可控制系统提示属性的次序。

4. 调用属性块

单击绘图工具栏的插入块图标 ，指定"桌子"图块的插入点、比例和旋转角。然后，系统出现输入属性值的提示，依次输入属性值。

例如，在第 13 考场的平面图中插入三张桌子，见图 5-15。

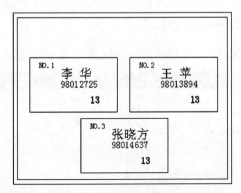

图 5-15　属性块的调用

其命令与操作过程如下：

1) 单击绘图工具栏的 按钮，在名称中输入"桌子"。

2) 指定插入点和插入比例。

3) 按系统提示输入如下属性值：

输入桌号：　NO.1∠

输入准考证号：98012725∠

输入考生姓名：李　华∠

按同样的方法插入 13 考场内的另两张桌子。

5. 编辑属性定义

菜单：修改 → 对象 → 属性 → 块属性管理器…

调用该命令后，系统弹出块属性管理器对话框，如图 5-16 所示。

图 5-16　块属性管理器对话框

　　该对话框的列表中显示了当前块中定义的所有属性。如果用户需要显示其他块定义中的属性，则可单击 按钮在图形文件中选择一个块对象，或者在"块"下拉列表中进行选择，该列表显示了当前图形中定义的所有块。

　　缺省情况下，列表中将显示属性的标记、提示、缺省值和模式等信息。如果用户希望查看其他信息，则可单击［设置...］弹出设置对话框，可在该对话框中选择其他可显示在列表中的信息。

　　单击［编辑...］，对指定的属性进行编辑，单击该按钮后将弹出编辑属性对话框，如图 5-17 所示。

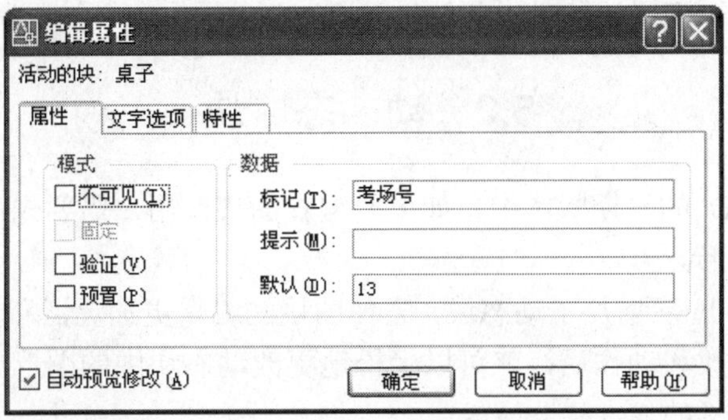

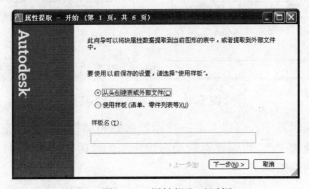

图 5-17　编辑属性对话框

6. 属性的提取

　　通常属性中可能保存有许多重要的数据信息，为了使用户能够更好地利用这些信息，AutoCAD 提供了属性提取命令，用于以指定格式来提取图形中包含在属性里的数据信息，组成一个适用于插入到某个数据库或表格程序中的格式文件，方便图形数据的统计和处理。

　　菜单：工具 → 属性提取...

　　执行该命令后，出现属性提取对话框，如图 5-18 所示。下面依次对各个步骤

图 5-18　属性提取对话框

进行介绍：

1) 开始：提供了用于指定新设置以提取属性的选项，或使用以前保存在属性提取样板文件中的设置的选项。

2) 选择图形：指定从中提取信息的图形文件和块。

3) 选择属性：指定要提取的块、属性和特性。

4) 结束输出：列出提取的块和属性，并提供格式化信息的方法。

5) 表格样式：控制表的外观，只有选择了"结束输出"页上的 AutoCAD 表，才会显示此页。

6) 完成：完成提取属性。

5.2　动　态　块

在 AutoCAD 的早期版本中，如果要编辑图块，用户需要先炸开图块才能编辑其中的几何图形。

AutoCAD2006 新增加了动态块，它使图块的编辑更加灵活和方便。用户在定义了动态块的参数和动作后，就可以轻松地更改动态块中的图形。动态块是由动态块编辑器来定义的。

5.2.1　进入动态块编辑器

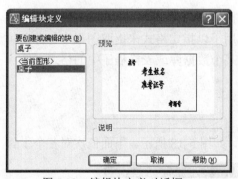

图 5-19　编辑块定义对话框

单击"工具"菜单中的"块编辑器"，系统将弹出如图 5-19 所示的编辑块定义对话框。在对话框中，可从列表中选择一个已经定义好的块，将其定义为动态块；或者选择列表中的"<当前图形>"，系统就可将当前屏幕上的图形定义为一个动态块。

单击[确定]按钮，进入动态块编辑环境，系统打开如图 5-20 所示的动态块编辑器工具栏。

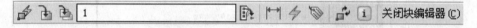

图 5-20　动态块编辑器工具栏

在动态块编辑器中，可以为动态块添加参数和动作。单击动态块编辑器工具栏上的"保存块定义"，可以保存对动态块所作的修改。单击"关闭块编辑器"，则退出动态块的编辑环境。

5.2.2 为动态块添加参数

动态块编辑器的"参数"选项卡共列出了 10 项参数，如图 5-21 所示。其中：

1) 点参数：在图块中定义一个点，其显示外观类似于坐标标注。

2) 线性参数：在动态块定义中添加一个线性参数，用于显示两个目标点之间的距离，并约束夹点沿该两定义点预置的角度移动，其显示外观类似于对齐标注。

3) 极轴参数：通过两个点来定义极轴参数，可显示并更改这两个固定点之间的距离和角度值。其显示外观类似于对齐标注。

4) XY 参数：定义一个点相对于另一个点的 X 距离和 Y 距离，其显示外观为一对坐标标注。

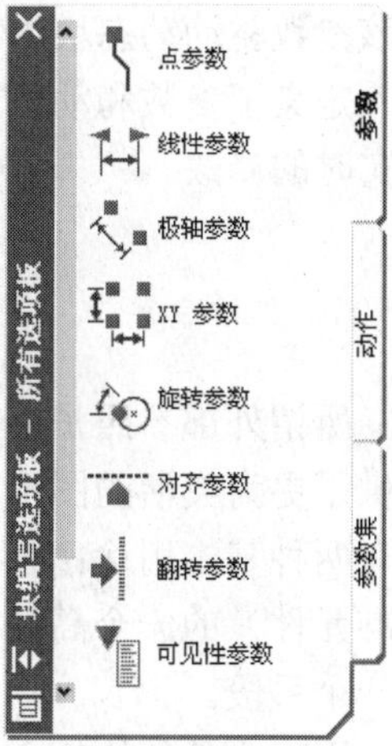

图 5-21 块编辑参数选项卡

5) 旋转参数：定义旋转角。其显示外观为一个圆。

6) 翻转参数：定义镜像对象。其显示外观为一条投影线。

7) 对齐参数：定义一个对齐基点和对齐方向，块自动围绕此基点，并以定义的方向与另一对象对齐。对齐应用于整个块，并且无需与任何动作相关联，其显示外观类似于对齐线。

8) 可见性参数：定义图形在块中的可见性。其显示外观为带有关联夹点的文字。

9) 查询参数：定义查询特性。其显示外观为带有关联夹点的文字。

10) 基点参数：定义动态块参照的基点。其显示外观为带有十字光标的圆。

图 5-22 块编辑动作选项卡

5.2.3 为动态块添加动作

为动态块所定义的一些参数还需为其添加动作，在图 5-22 所示的动态块编辑器的"动作"选项卡共列出了 8 种动作，分别是：

1) 移动动作：移动对象。

2) 缩放动作：缩放对象。

3) 拉伸动作：拉伸对象。

4) 极轴拉伸动作：可同时旋转、移动和拉伸指定的对象。

5) 旋转动作：旋转对象。

6) 翻转动作：镜像动态块。

7) 阵列动作：阵列对象。

8) 查询动作：可创建查寻表，根据该查寻表既可以查询设置的参数，也可以由该参数驱动动态块的特性和值。

插入定义了参数和动作的动态块，就可以根据设定的参数和动作方便地对图块进行实时的修改。

5.3　外　部　参　照

所谓外部参照是指在一个图形文件中链接另一个图形文件。外部参照为用户提供了更为灵活的图形引用方法，它可以将多个图形链接到当前图形中。外部参照有两种基本用途：首先，它是在当前图形中引入不必修改的标准元素（如各种标准元件）的一个高效率途径；其次，它提供了在多个图形中共享相同图形数据的一个手段。

图形文件的块插入与外部参照的最大区别是：外部图形文件作为块插入到当前图形文件时，块定义和所有相关联的几何图形都将存储在当前图形数据库中。并且在修改了原图形后，当前图中块不会随之更新，必须进行替换更新操作。此时，离开外部图形文件，当前图形文件可独立显示。而外部图形文件作为一个外部参照实体链接到当前图形文件，在当前图形文件中，只记录了有关外部图形文件与当前图形文件之间链接关系的一些图形数据，如外部参照图形的文件路径、文件名、插入点等，构成外部参照图像的实体仍然还留在磁盘上由外部参照引用的外部图形文件中。当前图形文件与由 Xref 引用的外部图形文件是一种数据链接的关系，极大地节省了磁盘空间。

当打开附着有外部参照的图形文件时，AutoCAD 自动对每一个外部参照图形文件进行重载，从而确保每个外部参照图形文件反映的都是它们的最新状态。这些被引用的图形文件必须存在硬盘或网络的指定路径上，以供主图形文件加载，当引用图形文件的路径发生变化时，必须重新定义。

对于图形中所引用的外部参照，AutoCAD 主要是通过外部参照管理器来进行管理的，其命令调用方式为：

菜单：插入 → 外部参照管理器…

调用该命令后，系统将弹出外部参照管理器对话框，如图 5-23 所示。

1) 选择▦按钮，则以列表的形式显示已附着的外部参照的详细信息，包括：参照名、加卸载状态、大小、类型、日期和保存路径。

2) 选择▦按钮，则显示一个层次结构的外部参照树状视图，在图中显示外部参照定义之间的关系，以及它们的状态。

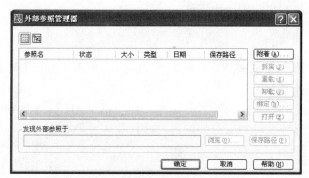

图 5-23　外部参照管理器对话框

利用该对话框还可对外部参照进行各种管理和设置。

1. 附着外部参照

　　如果在列表中选择了一个已有的外部参照，单击［附着…］按钮可直接弹出外部参照对话框，用于在图形中插入该参照的一个副本。

　　如果没有选择或选择多个外部参照，则单击该按钮，系统首先弹出选择参照文件对话框，提示用户指定需链接的外部参照文件，然后显示外部参照对话框，如图 5-24 所示。

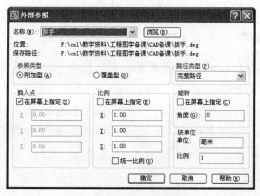

图 5-24　外部参照对话框

　　该对话框中的插入点、比例和旋转等项与块插入的对话框相同，其他项的含义为：

1) 路径类型：指定外部参照的保存路径是完整路径、相对路径，还是无路径。

2) 参照类型：指定外部参照是"附加型"还是"覆盖型"。

① 附加型：在当前图形附着的外部参照中，嵌套有其他附加型外部参照，则嵌套的外部参照在当前图形中可见。

② 覆盖型：在当前图形附着的外部参照中，嵌套有其他覆盖型外部参照，则

嵌套的外部参照在当前图形中不可见。

2. 拆离外部参照

在外部参照列表中选择一个或多个参照后，单击［拆离］按钮，可以从图形中拆离指定的外部参照。

如果对某个外部参照进行拆离操作，则 AutoCAD 将在图形中删除该外部参照的定义，并清除该外部参照的图形，包括其所有的副本。

> 注释:
>
> 　　只能拆离直接附加或覆盖到当前图形中的外部参照，而不能拆离嵌套的外部参照。

3. 重载外部参照

在外部参照列表中选择一个或多个参照后，单击［重载］按钮，可以对指定的外部参照进行更新。

AutoCAD 在打开一个附着有外部参照的图形文件时，将自动重载所有附着的外部参照，但在编辑该文件的过程中则不能实时地反映原图形文件的改变。因此，在任何时候利用［重载］按钮，都可以从外部参照文件中重新读取外部参照图形，以便及时地反映原图形文件的变化。

4. 卸载外部参照

在外部参照列表中选择一个或多个参照后，单击［卸载］按钮，可以将指定的外部参照在当前图形中卸载。

［卸载］与［拆离］的区别在于，［卸载］操作并不删除外部参照的定义，只是删除外部参照（包括其所有副本）在当前图形文件中的图形显示。需要该外部参照时重载即可。

5. 绑定外部参照

在外部参照列表中选择一个或多个参照后，单击［绑定…］按钮，可以将指定的外部参照断开与原图形文件的链接，并转换为块对象，成为当前图形的永久组成部分。

图 5-25　绑定外部参照对话框

选择该按钮后将弹出绑定外部参照对话框，如图 5-25 所示。

该对话框提供了两种绑定类型：

(1) 绑定

在绑定时，AutoCAD 将外部参照的已命

名对象依赖符号加入到当前图形中。具体方式是保留其前缀，但将"|"符号变为"n"的形式。其中 n 是由 0 开始的数字，在命名对象的名称出现重复时可改变 n 的取值，以确保命名对象名称的唯一性。

(2) 插入

在绑定时，AutoCAD 将外部参照的已命名对象名称中消除外部参照名称，并将多个重名的命名对象合并在一起。如果原内部文件中的命名对象具有与其相同的名称，则将绑定的外部参照中相应的命名对象与其合并，并采用内部命名对象定义的属性。例如，如果外部参照具有名为"TEST|DASH"的图层，则在绑定时直接转换为"DASH"。

6. 修改外部参照路径

每一个外部文件的路径均被作为数据存储于外部参照对象中。如果项目结构发生了改变，并且引用文件被移到另外一个子目录、磁盘或文件服务器中，就必须在外部参照对象中更新路径信息。"发现外部参照于"编辑框可以为外部参照重新指定一个路径。也可以利用该选项指定不同的文件名，这在定位或用简化的替代图形代替复杂图形以节约显示时间时非常有用。

7. 举例

先建立一个图形文件 XA1，然后建立一张新图 XTEST，再将 XA1 作为一个外部参照链接到 XTEST 上。操作过程如下：

1) 建立文件 XA1.DWG，见图 5-26（a）。

2) 将文件 XA1.DWG 链接到当前文件 XTEST.DWG，见图 5-26（b）。

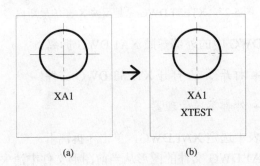

图 5-26　XA1.DWG 被链接到 XTEST.DWG

菜单：文件 → 新建… → 公制

菜单：插入 → 外部参照管理器 … → 附着…

在"选择参照文件列表"中选择文件 XA1.DWG，单击［打开］按钮，出现外部参照对话框。

选择"附加型"，插入点"在屏幕上指定"单击［确定］。在屏幕上指定插入点。

此时，XA1.DWG 作为 Xref 链接到当前文件，屏幕上显示 XA1.DWG 的图形内容。

菜单：文件 →保存... ，输入文件名 XTEST。

3) 修改文件 XA1.DWG，见图 5-27（a）。

菜单：文件 → 打开... ，打开 XA1.DWG 文件。

菜单：绘图 → 圆 → 圆心，半径，捕捉圆心，再画两个同心圆。

菜单：文件 →保存...

4) 重新打开文件 XTEST.DWG，观察 XTEST.DWG 随 Xref 变化所产生的相应变化，见图 5-27（b）。

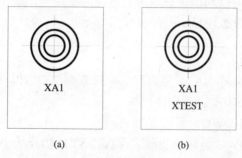

(a)　　　　　　　　　(b)

图 5-27　　XTEST.DWG 总是反映 Xref 的最新内容

5) 将 XTEST.DWG 中的外部参照 XA1.DWG 拆离。

菜单：文件 → 打开... ，打开 XTEST.DWG 文件。

菜单：插入 → 外部参照管理器 ...

在外部参照列表中选定 XA1.DWG，单击［拆离］。

屏幕上反映 XA1.DWG 文件的图形从当前图形文件中消失，见图 5-28（右）。

6) 在 XTEST.DWG 中，重新链接 XA1.DWG，并保持 XTEST.DWG 为打开状态。

7) 打开 XA1.DWG 文件，修改 XA1.DWG 的图形，见图 5-29（左）。

8) 重装外部参照 XAI.DWG。

① 窗口切换到 XTEST.DWG 文件。

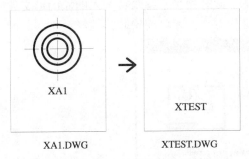

图 5-28　XTEST.DWG 的 Xref 被拆离后

② 在外部参照列表框中选择 XA1.DWG 文件。

③ 单击［重载］按钮重新装载指定的外部参照文件。

重载外部参照后，AutoCAD 从磁盘上重读 XA1.DWG，XTEST.DWG 的 Xref
被更新，见图 5-29（右）。使用［重载］按钮，可以随时更新一个或多个外部参照。

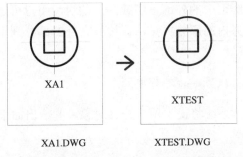

图 5-29　XTEST.DWG 重载 Xref 后被更新

8. 编辑外部参照

对于附着在图形中的外部参照和插入的块，AutoCAD 将其统一为参照，并提
供在位编辑功能，用于对参照中的对象进行修改，并可以将修改结果保存回原来
的图形。这样就避免了在不同图形之间来回切换，对于少量的修改工作来说更富
有效率。命令调用方式为：

菜单：工具 → 在位编辑外部参照和块 → 在位编辑参照

在绘图区拾取某个外部参照图形，此时系统弹出如图 5-30 所示参照编辑对话
框。单击［确定］按钮，则进入了外部参照编辑状态。系统要求选择要编辑的外
部参照中的实体，用户可以在参照中选择一个或多个对象，AutoCAD 将这些选择
对象定义为工作集，并将当前图形中工作集以外的对象都褪色显示。确定了工作
集后，系统将显示并激活参照编辑工具栏(图 5-31)，并暂时返回命令提示状态以

便用户进行编辑操作。此时相当于编辑被插入的原图形文件中的部分图形对象。在退出外部参照编辑状态后，才可编辑其他图形对象。

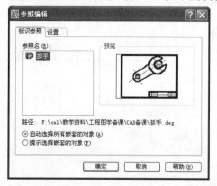

图 5-30   参照编辑对话框

图 5-31   参照编辑工具栏

9. 外部参照的显示

对于已附着到图形中的外部参照或插入的块，用户可定义其剪裁边界。外部参照或块在剪裁边界内的部分可见，而边界之外的部分则不可见。设置裁剪边界命令的调用方式为：

菜单：修改 → 裁剪 → 外部参照

调用该命令后，系统将提示用户选择对象，并给出如下选项：

命令：_xclip
选择对象：
输入剪裁选项
[开(ON)/关(OFF)/剪裁深度(C)/删除(D)/生成多段线(P)/新建边界(N)] <新建边界>:

各选项含义如下：
1) 开：使用裁剪边界控制图形显示。
2) 关：不使用裁剪边界控制图形显示。
3) 剪裁深度：设置前向剪裁平面及后向剪裁平面。
4) 删除：删除选定的剪裁边界。
5) 生成多段线：创建一条与剪裁边界重合的多段线。
6) 新建边界：定义裁剪边界。
系统进一步提示如下：

指定剪裁边界：[选择多段线(S)/多边形(P)/矩形(R)] <矩形>:
指定第一个角点：

指定对角点:

通过指定一条多段线、指定多边形的顶点或指定矩形的对角点来定义裁剪边界。

5.4　AutoCAD 设计中心

AutoCAD 设计中心提供了一种管理图形的有效手段。有着类似于 Windows 资源管理器的界面,可管理位于本地计算机、局域网或因特网上的图块、图层、外部参照等图形内容。如果在绘图区打开多个文档,在多文档之间也可以通过简单的拖放操作来实现图形的复制和粘贴,使得图形、图层定义、线型、字体等资源可再利用和共享,提高了图形管理和图形设计的效率。

AutoCAD 设计中心的功能如下:

1) 浏览和查看各种图形图像文件,并可显示预览图像及其说明文字。

2) 查看图形文件中命名对象的定义,可将其插入、附着、复制和粘贴到当前图形中。

3) 将图形文件(DWG)从控制板拖放到绘图区域中,即可打开图形;而将位图文件从控制板拖放到绘图区域中,则可查看和附着位图图像。

4) 在本地和网络驱动器上查找图形文件,并可创建指向常用图形、文件夹和 Internet 地址的快捷方式。

5.4.1　打开 AutoCAD 设计中心

设计中心是一个与绘图窗口相对独立的窗口。

单击标准工具栏的 AutoCAD 设计中心图标■,系统在绘图区的左边显示设计中心窗口,如图 5-32 所示。

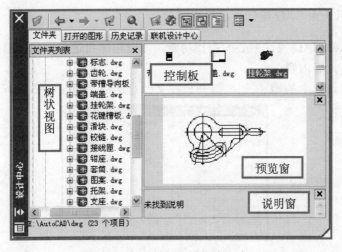

图 5-32　　AutoCAD 设计中心窗口

AutoCAD 设计中心主要由上部的工具栏图标和各种视图构成,其主要项含义为:

1) 加载:显示"加载"对话框。使用"加载"浏览本地和网络驱动器或 Web 上的文件,然后选择内容加载到内容区域。

2) 上一级:显示当前容器的上一级容器的内容。

3) 搜索:显示"搜索"对话框,从中可以指定搜索条件以便在图形中查找图形、块和非图形对象。

4) 收藏夹:显示 Autodesk 收藏夹中的内容。

5) 树状图切换:显示和隐藏树状视图。

6) 预览:显示和隐藏内容区域窗格中选定项目的预览,如果选定项目没有保存的预览图像,"预览"区域将为空。

7) 说明:显示和隐藏内容区域窗格中选定项目的文字说明。

8) 视图:为加载到内容区域中的内容提供不同的显示格式。

5.4.2 使用设计中心查看信息

树状视图的显示方式与 Windows 系统的资源管理器类似,以层次结构方式显示本地和网络计算机上打开的图形、自定义内容、历史记录和文件夹等内容。

在树状视图中浏览文件、块和自定义内容,或在加载设计中心控制板对话框选择打开图形、本地和网络文件等,控制板中将显示打开图形和其他源中的内容。例如,如果在树状视图中选择了一个图形文件,则控制板中显示表示图层、块、外部参照和其他图形内容的图标。如果在树状视图中选择图形的图层图标,则控制板中将显示图形中各个图层的图标。用户也可以在 Windows 的资源管理器中直接将需要查看的内容拖放到控制板上来显示。

在控制板中选中的项目,预览视图和说明视图将同步显示其预览图像和说明文字。

5.4.3 使用 AutoCAD 设计中心查找信息

利用 AutoCAD 设计中心的查找功能,可以根据指定条件和范围来搜索图形、块、图层定义等内容。

单击工具栏中的 按钮,打开查找文件对话框,如图 5-33 所示。

图 5-33　查找文件对话框

指定搜索路径和要查找对象的名称后，可对块、标注样式、图形、图形和块、图案填充文件、图案填充、图层、布局、线型、文字样式和外部参照等内容进行搜索。

5.4.4　使用 AutoCAD 收藏夹

AutoCAD 系统在安装时，自动在 Windows 系统的收藏夹中创建一个名为 Autodesk 的子文件夹，并将该文件夹作为 AutoCAD 系统的收藏夹。

选定了图形、文件或其他类型的内容，并单击右键弹出快捷菜单，选择添加到收藏夹选项，就会在收藏夹中为该内容创建一个相应的快捷方式，以便在下次调用时进行快速查找。

单击工具栏中的 按钮，用户可访问收藏夹，并可对其中的快捷方式进行移动、复制或删除等操作。

5.4.5　使用 AutoCAD 设计中心编辑图形

1. 利用 AutoCAD 设计中心打开图形文件

在 AutoCAD 设计中心打开图形文件有两种方式：一是在 AutoCAD 设计中心的控制板或查找对话框中，用鼠标左键将选定的图形文件图标直接拖放到绘图区域外边的空白处；或者右键单击要打开的图形文件图标，在弹出菜单中选择"在窗口中打开"选项。

> 注释：
>
> 　　使用拖放方式打开图形时，不能将图形拖到另一个打开的图形上，否则将作为块插入到当前图形文件中。

2. 向图形中添加内容

通过 AutoCAD 设计中心可以将控制板或查找对话框中的内容添加到打开的图形中。根据指定内容类型的不同，其插入的方式也不同。

(1) 插入块和附着位图图像

在 AutoCAD 设计中心中可以使用两种不同方法：

1) 将要插入的块或位图图像直接拖放到当前图形中。

2) 在要插入的块上单击右键弹出快捷菜单，选择"插入块"项。这种方法可按指定坐标、缩放比例和旋转角度插入块；在要附着的图像文件上单击右键，弹出快捷菜单，选择"附着图像"项，可将其作为图像附着到当前图形中。

(2) 插入图形文件

对于 AutoCAD 设计中心的图形文件，如果将其直接拖放到当前图形中，则系统将其作为块对象来处理。如果在该文件上单击右键，则有两种选择：

1) 选择"插入为块"项，可将其作为块插入到当前图形中。

2) 选择"附着为外部参照"项，可将其作为外部参照附着到当前图形中。

(3) 插入其他内容

与块、图像、图形对象一样，也可以将图层、线型、标注样式、文字样式、布局和自定义内容添加到打开的图形中，其添加方式类似。

(4) 利用剪贴板插入对象

对于可添加到当前图形中的各种类型的对象，用户都可以在 AutoCAD 设计中心，先选择要复制的对象，单击右键弹出快捷菜单，选择"复制"项，可将对象复制到 Windows 剪贴板，然后在打开的图形区域单击鼠标右键，从弹出菜单中选择"粘贴"项，将对象粘贴到图形中。

5.5　装配图的绘制

与传统的手工绘制装配图相比，用 AutoCAD 绘制装配图有着方便快捷的特点。AutoCAD 具有强大的图形编辑功能，根据已绘制好的零件图，使用图块、外部参照或简单的复制粘贴命令，就可将零件草图上已画好的图形"挪到"装配图上，可大大节省绘制装配图的时间。

本节将以压板（图 5-34）为例，讲解使用 AutoCAD 绘制装配图的具体方法步骤。

图 5-34　压板

1. 绘制零件草图

绘制除标准件以外的压板全部零件的零件草图，然后根据零件草图整理和绘制装配图。由于前面章节中对零件图的绘制已有详细的讲解，本节不再重复，在此假定已绘制好压板各零件的草图。压板的几个主要零件的草图见图 5-35～图 5-37。

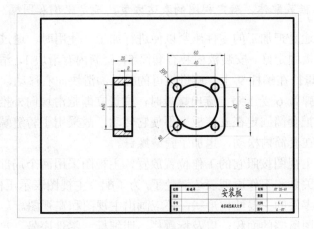

图 5-35　安装板零件图

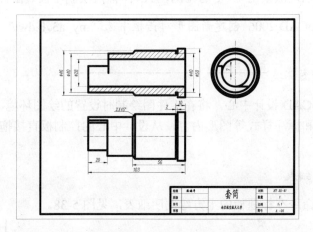

图 5-36　套筒零件图

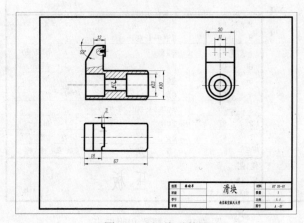

图 5-37　滑块零件图

2. 分析压板装配体，确定视图的表达方案，确定比例和图幅

压板的用途是把加工的零件压紧以便进行加工。使用时，通过安装板 7 的四个安装孔把压板固定好。安装板内装有套筒 5，套筒内有滑块 1，滑块里面装内六角螺母 4，螺母拧在螺柱 9 上，旋进螺母的时候，滑块向右移动，钳口铁 2 把零件压住，这时弹簧 6 受压缩。旋出螺母时，弹簧立即把滑块向外推出，从而把零件松开。为了把套筒固定在安装板上不使它转动，故采用了骑缝螺钉 8。同样，为了防止螺柱在套筒内松动，也加了骑缝螺钉。

装配图的主视图按照它的工作位置放置，主视图采用两个局部剖视，基本上把压板的装配关系和工作原理表达清楚了，为了配合主视图表示压板的装配关系、内部结构和各零件的主要结构形状，还应画出主视图和左视图。

考虑各视图所需的面积，以及标题栏、明细标、零件序号、尺寸标注和技术要求所占的面积，故采用 1∶1 的比例在 A3 图幅内绘制压板装配图。

3. 在 AutoCAD 2006 创建新图形对话框中选"my_a3_h.dwt"样板文件，开始一幅新图

4. 设置绘图环境

利用 AutoCAD 设计中心，将在零件图绘制时设置的绘图环境，如文字样式、图层设置、块和标注样式等图形内容，从设计中心的控制板直接拖至当前图的绘图区域中。

5. 绘制明细表

使用表格命令在标题栏的上方绘制明细表，见图 5-38。

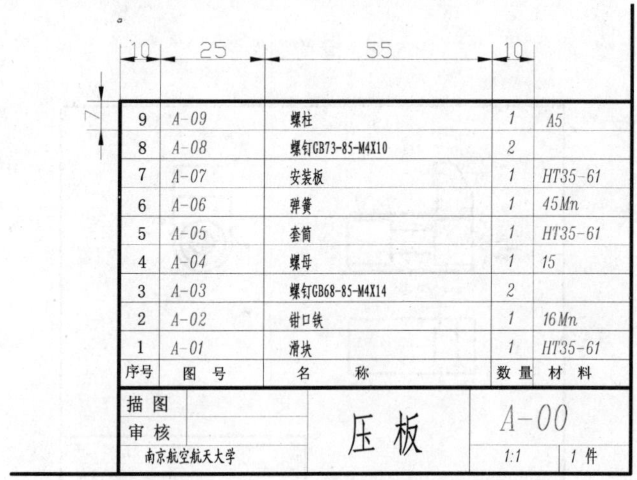

序号	图号	名称	数量	材料
9	A-09	螺柱	1	A5
8	A-08	螺钉GB73-85-M4X10	2	
7	A-07	安装板	1	HT35-61
6	A-06	弹簧	1	45Mn
5	A-05	套筒	1	HT35-61
4	A-04	螺母	1	15
3	A-03	螺钉GB68-85-M4X14	2	
2	A-02	钳口铁	1	16Mn
1	A-01	滑块	1	HT35-61

描图
审核
压板   A-00
南京航空航天大学   1:1   1 件

图 5-38 标题栏和明细表

6. 绘制中心线和装配基准线

为合理的安排各视图，以及标题栏、明细标、零件序号、尺寸标注和技术要求等图形内容，必须在图上合适的位置绘制中心线和装配基准线，见图 5-39。各个零件的图形基本上是按照基准线和中心线依次"安装"绘制的。

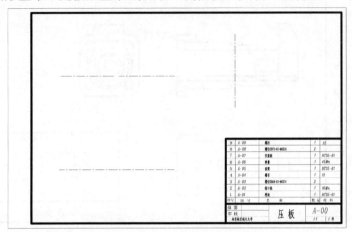

图 5-39 中心线和装配基准线

7. 绘制主要装配零件

在不关闭压板装配图的情况下，打开安装板零件图，关闭其"尺寸线"和"剖面线"图层，使用 Windows 标准编辑工具"复制"和"粘贴"，将安装板零件图上的有关图形复制粘贴到压板装配图中，并使用复制命令绘制安装板的俯视图，见图 5-40。

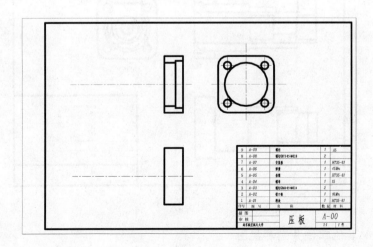

图 5-40

　　用同样的方法，将套筒零件的图形粘贴到压板装配图中的相应位置上。使用移动命令并配合"对象捕捉""极轴"和"对象追踪"方式，可以很方便地将图形粘贴到指定位置，及时地对图形进行修改，结果见图 5-41。

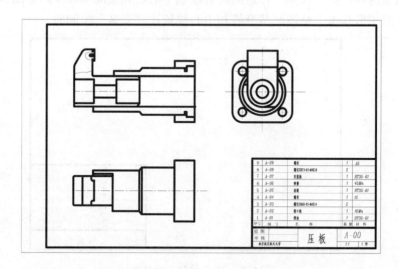

图 5-41

　　将滑块零件的图形粘贴到压板装配图中的相应位置上，并对图形进行相应的修改，结果见图 5-42。

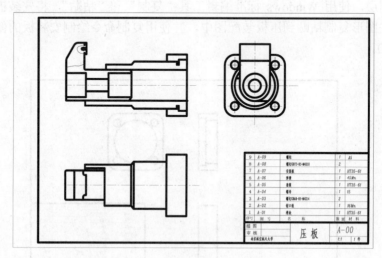

图 5-42

8. 装配其他零件并完善视图

　　将其他零件逐步粘贴到装配图的相应位置上，螺纹连接件可先在图纸空白处画好，然后再整体移动到相应位置上，这样可以避免其他线条的干扰。

对视图进行完善，使用直线、删除、修改和延伸等命令，将被挡的图形部分去掉，将缺少的线条补上。

将"剖面线"设为当前图层，使用图案填充命令绘制剖面线。在边界图案填充对话框中，金属材料的零件选用的剖面图案为 ANSI31，非金属材料的零件选用的剖面图案为 ANSI37。相邻的零件其剖面线的方向或间隔应有区别，填充时可通过角度和比例的设置使剖面线产生变化。填充剖面线后的装配图见图 5-43。

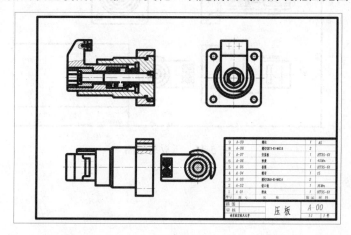

图 5-43

9. 装配图尺寸标注

装配图不需注出每个零件的全部尺寸，只需注出与部件性能、装配和安装等有关的尺寸，选设置好的尺寸样式进行标注即可，标注尺寸后的装配图见图 5-44。

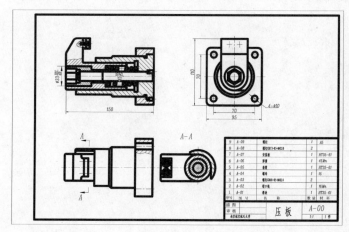

图 5-44

10. 绘制零件序号，完成全图

结果见图 5-45。

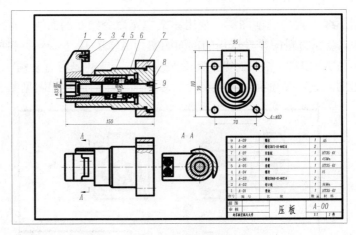

图 5-45　压板装配图

第 6 章

三维建模

学习本章后，你将能够：

◆ 设置和使用 UCS

◆ 设置平面视图、正交视图和等轴测视图

◆ 使用三维动态观察器来查看三维对象

◆ 使用三维模型的着色

◆ 创建预定义三维曲面对象

◆ 利用布尔操作创建组合实体对象

◆ 创建实体的剖面、截面、倒角和倒圆

◆ 修改三维实体的面

◆ 使用三维阵列、三维镜像、三维旋转和对齐等命令

6.1　用户坐标系 UCS

6.1.1　坐标系图标

　　屏幕上显示的 WCS 或 UCS 图标，可帮助操作者辨别当前坐标系类型、坐标系原点位置和构造平面的方位。不同的坐标系显示不同的坐标系图标，见图 6-1。

　　图标指明当前坐标系的 X 轴和 Y 轴的正向。

　　1) 若图标中有字母 W，表示当前坐标系为 WCS。

　　2) 若图标基底部有一方格，表示当前 UCS 的 Z 轴正向朝向观察者，反之，表示 UCS 的 Z 轴正向背观察者而去。

　　3) 若图标基底部有一个+号，表示图标正位于当前 UCS 的原点。

　　4) 若图标是一"断铅笔"，表示 UCS 的构造平面与当前视点所确定的观察方向平行。

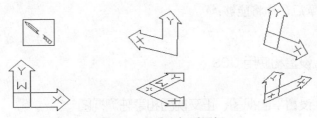

图 6-1　各种坐标系图标

6.1.2　坐标系图标的显示控制

　　有关坐标系图标的操作，其命令调用方式为：

　　菜单：视图 → 显示 → UCS 图标 → 开

　　勾选"开"选项，显示坐标系图标，反之，关闭坐标系图标显示。

　　菜单：视图 → 显示 → UCS 图标 → 原点

　　勾选"原点"选项，在坐标系原点显示坐标系图标。

　　菜单：视图 → 显示 → UCS 图标 → 特性…

　　系统打开"UCS 图标"对话框，见图 6-2，可定义坐标系图标的样式和颜色等特性。

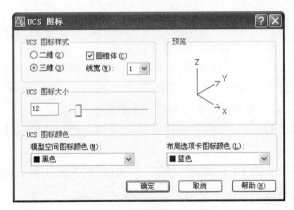

图 6-2 UCS 图标对话框

6.1.3 UCS 操作

AutoCAD 的 UCS 工具栏提供了多种方法来定义 UCS，见图 6-3。

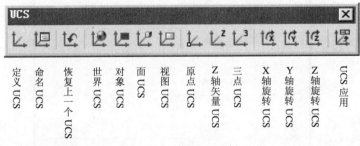

图 6-3 UCS 工具栏

各命令图标介绍如下：

1. 定义 UCS

命令：_ucs
当前 UCS 名称：*世界*
输入选项：[新建(N)/移动(M)/正交(G)/上一个(P)/恢复(R)/保存(S)/删除(D)/应用(A)/?/世界(W)]

<世界>：

各选项的说明如下：

1) 移动：平移 UCS 坐标系。功能同 UCS 工具栏的 图标。
2) 正交：由 AutoCAD 提供的六个正交 UCS 中的一个来定义，这六个正交的 UCS 分别为俯视、仰视、主视、后视、左视和右视。
3) 上一个：恢复上一个 UCS。功能同 UCS 工具栏的 图标。

4) 恢复：恢复已保存的 UCS，使它成为当前 UCS。

5) 保存：把当前 UCS 按指定名称保存。

6) 删除：从已保存的坐标系列表中删除指定的 UCS。

7) 应用：其他视口保存有不同的 UCS 时，将当前 UCS 设置应用到指定的视口或所有活动视口。功能同 UCS 工具栏的 图标。

8) ?：列出指定的 UCS 名称，并列出每个坐标系相对于当前 UCS 的原点以及 X、Y 和 Z 轴。

9) 世界：将当前的 UCS 设置为 WCS。功能同 UCS 工具栏的 图标。

2. 命名 UCS

单击该图标后，系统打开 UCS 对话框，如图 6-4 所示。

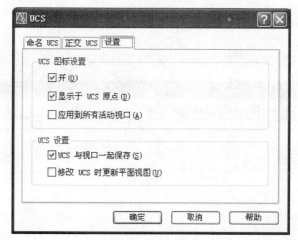

图 6-4　UCS 对话框

1) 命名 UCS 选项卡：显示 UCS 列表及其详细信息，可设置当前 UCS。

2) 正交 UCS 选项卡：显示正交 UCS 列表及其详细信息，可设置当前 UCS。

3) 设置选项卡：

① UCS 图标设置：

• 开：显示当前视口中的 UCS 图标。

• 显示于 UCS 原点：在当前视口中当前坐标系的原点显示 UCS 图标。如果清除此选项，或在视口中坐标系的原点不可见，UCS 图标将显示在视口的左下角。

• 应用到所有活动视口：将 UCS 图标设置应用到当前图形中的所有活动视口。

② UCS 设置：

• UCS 与视口一起保存：将坐标系设置与视口一起保存。

• 修改 UCS 时更新平面视图：修改视口中的坐标系时恢复平面视图。当对话框关闭时，平面视图和选定的 UCS 设置被恢复。

3. 上一个 　

恢复上一个 UCS。AutoCAD 中保存了在图纸空间中创建的最后 1 个坐标系和在模型空间中创建的最后 10 个坐标系。

4. 世界 UCS 　

将世界 UCS 设为当前坐标系。

5. 对象 UCS 　

根据选定的三维对象定义新的坐标系。新 UCS 的 Z 轴正方向与选定对象的一样。其 X 轴的正方向由所选对象确定，常用的对象 UCS 确定方法如下：

1) 圆弧：圆弧的圆心为 UCS 的原点，X 轴通过距离选择点最近的圆弧端点。
2) 圆：圆的圆心为 UCS 的原点，X 轴通过选择点。
3) 直线：距离选择点最近的端点为 UCS 的原点，以直线方向为 X 轴。
4) 点：指定点为 UCS 的原点。

6. 面 UCS 　

将 UCS 的 XY 坐标面与选定对象的面重合，UCS 的 X 轴将与该面上的最近的边对正。

7. 视图 　

UCS 原点保持不变，XY 坐标面与视图平面平行。

8. 原点 　

将 UCS 坐标系平移至新原点。

9. Z 轴 　

通过指定二点定义 Z 轴正半轴，第一点为原点，第二点定义 Z 轴的正方向。

10. 三点 　

通过指定的三点定义 UCS，第一点指定新 UCS 的原点，第二点定义 X 轴的正方向，第三点定义 Y 轴的正方向。Z 轴由右手定则确定。

11. X 轴旋转 UCS 　

指定绕 X 轴的旋转角度来得到新的 UCS。

12. Y 轴旋转 UCS 　

指定绕 Y 轴的旋转角度来得到新的 UCS。

13. Z 轴旋转 UCS

指定绕 Z 轴的旋转角度来得到新的 UCS。

14. 应用

其他视口保存有不同的 UCS 时，将当前 UCS 设置应用到指定的视口或所有活动视口。

6.2　三维观察与视口

AutoCAD 具有生成三维物体的功能，用户可以从各个角度来观察所生成的三维物体，从而能够全局观察产品的设计效果。视图就是用来按一定比例、观察位置和角度显示的图形。在 AutoCAD 中可以把一个视图保存在图形数据库中，并可以恢复显示一个已有的视图。在保存视图时，AutoCAD 同时保存了该视图的中点、位置、缩放比例和透视设置等。

视口是显示图形的区域。通常使用 AutoCAD 进行二维绘图时，都是在一个填满了整个绘图区域的单一视口进行工作。但如果在三维建模时，需要对该模型同时进行多角度、多侧面的观察，则单一视口显然无法满足要求。AutoCAD 系统提供了将绘图区域分为多个视口的功能，在不同的视口设置不同的视图，便可在多视口下同时观察模型的不同部分或不同侧面。

6.2.1　观察三维模型

1. 预置视点观察三维模型

在 AutoCAD 的三维空间，用户可通过不同的视点来观察对象。命令调用方式为：

菜单：视图 → 三维视图 → 视点预置...

AutoCAD 打开如图 6-5 所示的视点预置对话框。

其中：

1) 绝对于世界坐标系：表示在绝对坐标系统中预置视点。

2) 相对于用户坐标系：表示在用户坐标系统中预置视点。

3) 左边的角度图标：从 0°到 315°之间共有 8 个角度值，可预置视点与坐标原点连线在 XY 平面内的投影与 X 轴正向的旋转角。

4) 右边的角度图标：从-90°到90°之间共有 11 个角度值，可预置视点与坐标原点连线与 XY 平面的仰角。

5) 与 X 轴的角度：可在文本框中直接输入投影线在 XY 平面内与 X 轴正向的旋转角。

6) 与 XY 平面的角度：可在文本框中直接输入投影线与 XY 平面的仰角。

7) [设置为平面视图]：点按此钮，表示投影线在 XY 平面内的夹角为 270°，与 XY 平面的仰角为 90°，即视点坐标为(0, 0, 1)。

将选择光标移到角度图标，选择某个角度区域，在下方的文本框中，所选角度值会同步显示，视点与坐标原点连线的方位可由旋转角与仰角唯一确定，见图 6-6。

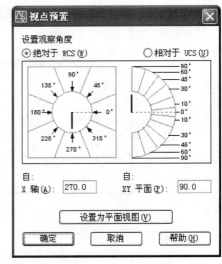

图 6-5　视点预置对话框

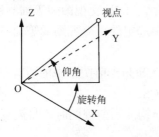 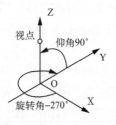

图 6-6　直接输入视点坐标值

2. 正交视图和等轴测视图

一种快速的观察方法是选择 AutoCAD 预置的三维视图。较为常用的是正交视图（俯视、仰视、主视、左视、右视、后视）和等轴测视图（西南、东南、东北、西北）。AutoCAD 提供了视图工具栏，见图 6-7。

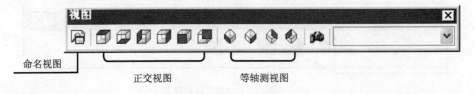

图 6-7　视图工具栏

单击 图标后，AutoCAD 打开视图对话框，见图 6-8。

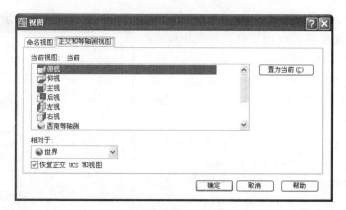

图 6-8   视图对话框

(1) 命名视图选项卡

用户可用窗口方式选择当前视图的某一部分，建立一个新视图。并可将选择的坐标系随视图一起保存。详细内容参见 2.3.4 小节。

(2) 正交和等轴测视图选项卡

1) 当前视图列表：列表中显示了所有的正交视图和等轴测视图。

2)［置为当前］按钮：可将列表中选定的正交视图或等轴测视图设为当前显示视图。

3) 相对于：下拉列表中显示了 WCS 和当前图形中的所有已命名 UCS，可以恢复指定的某个坐标系。缺省值为 WCS。

4) 恢复正交 UCS 和视图：当用户构成当前视图时，将恢复关联的 UCS。

3. 三维动态观察器

AutoCAD 还提供了一个交互的三维动态观察器，该命令可以在当前视口中创建一个三维视图，用户可以使用鼠标来实时地控制和改变这个视图，以得到不同的观察效果。使用三维动态观察器，既可以查看整个图形，也可以查看模型中任意的局部。

AutoCAD 提供了三维动态观察器工具栏，见图 6-9。

图 6-9   三维动态观察器

单击 ，系统激活三维动态观察器，如图 6-10 所示。如果当前打开了 UCS 图标显示开关，系统将显示出新的全三维 UCS 图标。

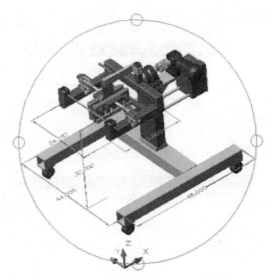

图 6-10　用三维动态观察器观察模型

三维动态观察器由轨道、指南针等组成，轨道的四个象限点处各有一个小圆，可用来控制三维物体的转动方式。轨道的中心称为目标点。激活三维动态观察器后，视点可以绕目标点在三维空间转动，被观察的目标是保持静止不动。

激活三维动态观察器后，光标处于轨道的不同位置时，光标图标的样式不同，以用来表示其不同的功能状态。

光标位于轨道之内时，其图标是一个有两条线的小球。这时按下鼠标拾取键并拖动，视点就会绕三维物体转动。此时光标就像附在一个包围物体的球面上一样，拖动鼠标可使视点随球绕目标点做任意方向的旋转。用户可水平、垂直或沿任意方向拖动鼠标。

当光标位于轨道之外时，图标由一个小圆和一个箭头组成。这时按下鼠标拾取键并拖动，使光标沿轨道移动，视图会绕过轨道中心、与计算机屏幕垂直的轴旋转。

当光标位于轨道左边或右边的小圆上时，图标为一个水平椭圆。这时按下鼠标拾取键并水平拖动，视图会绕过轨道中心的垂直轴旋转。

当光标位于轨道上边或下边的小圆上时，图标为一个垂直椭圆。这时按下鼠标拾取键并水平拖动，视图会绕过轨道中心的水平轴旋转。

6.2.2　显示多个视图

如果要同时查看几个视图，AutoCAD 可以将图形区域拆分成多个单独的观察区域，可同时在不同的区域分别显示不同的视图，该区域称为平铺视口。AutoCAD 可以将视口的排列保存起来以便随时重复利用。

AutoCAD 提供了视口工具栏，见图 6-11。可将 AutoCAD 窗口的绘图区域拆分为多个视口，并命名保存视口设置。

图 6-11　视口工具栏

1. 视口对话框

单击 图标，系统打开视口对话框，见图 6-12。

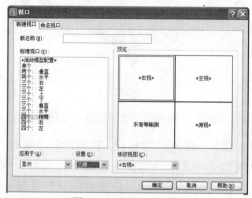

图 6-12　视口对话框

(1) 新建视口选项卡

1) 新名称：输入新建视口名。如果不输入视口名，则所创建的视口配置不能保存。

2) 标准视口：列出当前活动的视口配置，以及系统提供的 12 种标准视口配置。

3) 预览框：显示选定视口配置的视口预览图像。

4) 应用于：控制将选定的视口配置应用到当前视口还是应用到整个窗口。

5) 设置：用于指定使用二维或三维设置。

6) 修改视图：如果选用三维设置，就可以从该列表框中选定一正交或等轴测视图应用到选定的视口。

(2) 命名视口选项卡

用于管理已命名保存的视口。

2. 有关视口的操作

(1) 创建新视口

选择视口对话框中的新建视口选项卡，在新名称文本框中输入视口名。进行视口配置后，单击［确定］按钮。如果不输入视口名，则所创建的视口配置不能保存。

(2) 创建多视口观察二维图形的不同部分

1) 选择视口对话框中的新建视口选项卡；

2) 标准视口：选择一种视口配置（如"两个：垂直"）；

3) 应用于：显示；

4) 设置：2D；

5) 修改视图：当前（唯一选项）。

单击［确定］按钮，这时图形窗口被分为左右两个相对独立的视口。

现在分别使用两个视口来显示图形的不同部分。首先单击激活左视口为当前视口（视口以粗线框表示），使用缩放工具栏的 ⊕ 在该视口中最大化显示全部图形，然后将左视口激活，使用缩放工具栏的 ⊕ 在该视口中显示图形的局部视图。

(3) 创建多视口从不同方向观察三维模型

1) 选择视口对话框中的新建视口选项卡；

2) 标准视口：选择一种视口配置；

3) 应用于：显示；

4) 设置：3D；

5) 修改视图：分别激活预览窗的不同视口，在修改视图下拉列表框选择相应的正交视图或等轴测视图。

单击［确定］按钮，这时图形窗口被分为多个视口，且每个视口显示了模型不同方向的视图。

(4) 对视口再次进行拆分

激活要拆分的视口，然后在视口对话框中选择拆分后要显示的标准视口类型，注意在"应用于"列表中，选择"当前视口"，最后确定即可。

(5) 恢复已保存的视口配置

在视口对话框中，选择命名视口选项卡，从命名视口列表中选择一命名视口，点按［确定］，即可恢复该命名视口。

(6) 删除已保存的视口配置

在视口对话框中，选择命名视口选项卡，从命名视口列表中选择某一命名视口，点击右键，从弹出的快捷菜单中选择删除项，即可删除选择的视口。

(7) 指定各视口的用户坐标系方向

多个视口提供模型的不同视图。例如，可以在图形区域设置显示俯视图、主视图、右侧视图和等轴测视图的四个视口。要想更方便地在不同视图中编辑对象，可以为每个视图定义不同的 UCS。每次将视口设置为当前之后，都可以在此视口中使用它上一次作为当前视口时使用的 UCS。

每个视口中 UCS 都由 UCSVP 系统变量控制。如果视口中 UCSVP 设置为 1（系统缺省值），则上一次在该视口中使用的 UCS 与视口一起保存，并且在该视口再次成为当前视口时被恢复。如果某视口的 UCSVP 设置为 0，则此视口的 UCS 总是与当前视口中的 UCS 相同。

说明：

1) 当使用多个视口时，只有一个视口是当前视口。对于当前视口，光标显示为十字形而不是箭头，并且视口边缘亮显。只要不是正在执行查看命令，可随时更换当前视口。

2) 要把一个视口变为当前视口，请单击该视口，或者按 [Ctrl+R] 组合键循环切换现有的视口。

3) 要使用两个视口绘制直线，先从当前视口开始绘制，再单击另一个视口使其成为当前视口，然后在第二个视口中指定该直线的端点。在大的图形中，可使用此方法从一个角点的细节处到另一个较远角点的细节处绘制一条直线。

6.2.3　三维模型的着色

创建或编辑图形时，处理的是实体或曲面的线框图，在查看或打印线框图时，复杂图形往往显得十分混乱，以至于无法表达正确的信息。创建具有真实效果的三维图像可以帮助用户显示最终的设计，这样要比使用线框表示清楚得多。系统提供了消隐和着色功能，可以比较快速、形象地查看三维模型的整体效果，见图 6-13。

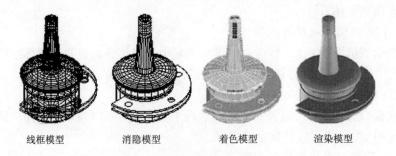

线框模型　　　　消隐模型　　　　着色模型　　　　渲染模型

图 6-13　三维模型的显示类型

AutoCAD 的着色工具栏见图 6-14。

二维线框　三维线框　消隐　平面着色　体着色　带边框平面着色　带边框体着色

图 6-14　着色工具栏

其中各命令功能如下：

1) 二维线框：显示对象时，使用直线和曲线来表示边界，线型及线宽可见。

2) 三维线框：显示对象时，使用直线和曲线表示边界，显示一个已着色的三维 UCS 图标，线型及线宽不可见。

3) 消隐：用三维线框表示对象并隐藏不可见的线。

4) 平面着色：着色多边形平面间的对象，此对象比体着色的对象平淡和粗糙。

5) 体着色：着色多边形平面间的对象，并平滑对象的边。着色的对象外观较平滑和真实。

6) 带边框平面着色：将平面着色和线框结合使用。被平面着色的对象将始终带边框显示。

7) 带边框体着色：将体着色和线框结合使用。体着色的对象将始终带边框显示。

在各类图像中，消隐图像是最简单的。着色删除隐藏线并为可见表面指定平面颜色。渲染添加和调整光源并为表面附着材质以产生真实效果。

要决定生成哪种图像，首先需要考虑图像的应用目标和时间投入等因素。如果是为了演示，那么就需要全部渲染。如果时间有限，或者显示和图形设备不能提供足够的灰度等级和颜色，那么就不必精细渲染。如果只需快速查看一下设计的整体效果，那么简单消隐或着色图像就足够了。

6.3　三　维　建　模

在 AutoCAD 中创建的模型有三种，即线框建模、曲面建模和实体建模。线框模型是指用三维的直线和曲线组成模型轮廓，其不含面的信息；曲面模型是指模型仅由曲面组成；实体模型包含了空间信息，各实体对象之间可进行各种运算操作（如对象之间合并、相减、求交集），从而能够创建出各种复杂的实体对象。

AutoCAD 一般使用以下四种建模方法：

1. 基本体素法

这是一种用基本几何形体来构造复杂实体的造型方法，即用系统所提供的基本几何形体通过布尔运算来构造复杂形体。使用这种造型方法时，设计者应先在自己头脑中想好被设计的形体，将此形体拆成若干相应的基本体素，它一般用于相对简单的形体，若形体复杂，则需要和其他方法结合使用。

AutoCAD 提供了丰富的基本几何形体，如圆柱、圆台、圆锥、棱柱、棱台、棱锥、球、楔块、立方体、圆环等，充分利用这些形体，通过布尔操作，可以使建模过程快速有效。

2. 拉伸旋转扫描法

通常是用二维操作技术形成一个有效面，也就是横截面，通过拉伸或旋转生成物体的造型。通过拉伸得到的造型，必须给出相应的第三个尺寸或坐标，对旋转来说，则须给出旋转轴和旋转角度，从而形成一个完全或仅是扇形的旋转体。再通过布尔操作，得到所需要的几何形体。

AutoCAD 可以快速、准确地绘制二维图形，通过拉伸、旋转命令建立有效的三维实体。

3. 点线面结合法

任何物体都是由点、线、面构成，有限个面（平面或曲面）组合起来即构成形体。

在 AutoCAD 中，运用相应命令，输入三维坐标值信息，即可绘制由三维信息的点、线、面构成的三维模型。

4. 使用一套 AutoCAD 的三维网格曲面命令构造任意形式的三维表面

6.3.1 曲面模型

曲面模型不仅定义了三维对象的边，而且定义了三维对象的表面，它比线框模型复杂许多。AutoCAD 曲面模型使用多边形网格定义对象的表面，网格的密度或面的数量用 M×N 矩阵来定义，M 和 N 确定了所给顶点的行和列的位置。曲面工具栏见图 6-15。

图 6-15   曲面工具栏

系统提供了一些如长方体、锥体、楔体、拱顶、球、圆环等基本曲面的命令，从而能够简化基本曲面的创建。

1. 长方体或正方体

命令：_ai_box
指定角点给长方体表面：
指定长度给长方体表面：
指定长方体表面的宽度或 [立方体(C)]：
指定高度给长方体表面：

指定长方体表面绕 Z 轴旋转的角度或 [参照(R)]:

2. 楔体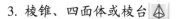

命令：_ai_wedge
指定角点给楔体表面：
指定长度给楔体表面：
指定楔体表面的宽度：
指定高度给楔体表面：
指定楔体表面绕 Z 轴旋转的角度：

见图 6-16。

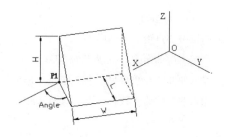

图 6-16　楔体

3. 棱锥、四面体或棱台

命令：_ai_pyramid
指定棱锥面底面的第一角点：
指定棱锥面底面的第二角点：
指定棱锥面底面的第三角点：
指定棱锥面底面的第四角点或 [四面体(T)]:
指定棱锥面的顶点或 [棱(R)/顶面(T)]:

4. 圆锥或圆台

命令：_ai_cone
指定圆锥面底面的中心点：
指定圆锥面底面的半径或 [直径(D)]:
指定圆锥面顶面的半径或 [直径(D)] <0>:
指定圆锥面的高度：
输入圆锥面曲面的线段数目 <16>:

当顶圆半径取缺省值 0 时，就绘圆锥，否则绘圆台。

当段数取 3，4，…，n 等值时，就绘制相应的正 n 棱锥或正 n 棱台。一般当 n 为缺省值 16 以上时，就绘制图锥或圆台了。n 值越大，曲面越光滑。

5. 球

命令：_ai_sphere
指定中心点给球面：
指定球面的半径或 [直径(D)]:
输入曲面的经线数目给球面 <16>:

输入曲面的纬线数目给球面 <16>:

6. 拱顶与碗形

命令: _ai_dome
指定中心点给上半球面:
指定上半球面的半径或 [直径(D)]:
输入曲面的经线数目给上半球面 <16>:
输入曲面的纬线数目给上半球面 <8>:

命令: _ai_dish
指定中心点给下半球面:
指定下半球面的半径或 [直径(D)]:
输入曲面的经线数目给下半球面 <16>:
输入曲面的纬线数目给下半球面 <8>:

7. 圆环

命令: _ai_torus
指定圆环面的中心点:
指定圆环面的半径或 [直径(D)]:
指定圆管的半径或 [直径(D)]:
输入环绕圆管圆周的线段数目 <16>:
输入环绕圆环面圆周的线段数目 <16>:

8. 三维网格

网格曲面是 M 和 N 两个方向都是开放的多边形网格,通常用来构造非常不规则的曲面面。图 6-17 是一个 6×4 的三维网格曲面。

命令: _3dmesh
输入 M 方向上的网格数量: 6

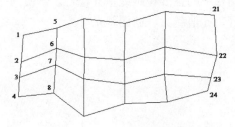

图 6-17   6×4 三维网格曲面

输入 N 方向上的网格数量: 4
指定顶点 (0,0) 的位置: (1 点) ↙
指定顶点 (0,1) 的位置: (2 点) ↙
指定顶点 (0,2) 的位置: (3 点) ↙
指定顶点 (0,3) 的位置: (4 点) ↙
指定顶点 (1,0) 的位置: (5 点) ↙
......

指定顶点 (5, 2) 的位置：<u>（23 点）</u>↙
指定顶点 (5, 3) 的位置：<u>（24 点）</u>↙

9. 旋转曲面

由一条母曲线绕指定轴旋转指定角度生成旋
转曲面，见图 6-18。

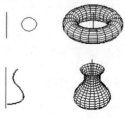

命令：_revsurf
当前线框密度：SURFTAB1=6　SURFTAB2=6
选择要旋转的对象：
选择定义旋转轴的对象：
指定起点角度 <0>：
指定包含角 (+=逆时针，–=顺时针) <360>：

图 6-18　回转曲面

直线段、弧、圆和多段线都可选作母曲线，起点角就是母曲线与旋转曲面开
始面的交角，缺省值为 0。包含角是旋转曲面的开始面与终止面的夹角，顺时针
为正，逆时针为负，缺省值为 360°。旋转曲面的径向网格密度由 SURTAB1 确定，
沿旋转轴方向与旋转轴垂直的网格密度由 SURTAB2 确定。

10. 平移曲面

绘制由轨迹曲线与方向线所定义
的一个柱面，如图 6-19 所示。

命令：_tabsurf
选择用作轮廓曲线的对象：
选择用作方向矢量的对象：

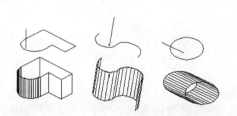

图 6-19　平移曲面

所选择的轨迹曲线可以是直线
段、弧线、圆和多段线。方向矢量是
一条直线段。轨迹曲线沿方向矢量被拉伸成一个柱面、柱面高度为方向矢量的长
度，柱面的网格密度由 SURFTAB1 确定。

11. 直纹曲面

绘制一个由两条边界边定义的直纹
曲面，如图 6-20 所示。

命令：_rulesurf
当前线框密度：SURFTAB1=20

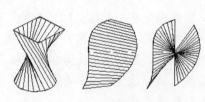

图 6-20　直纹曲面

选择第一条定义曲线：

选择第二条定义曲线：

系统从靠近第一条边界边选择点的端点向靠近第二条边界边选择点的端点画直纹，并沿边界边以 SURFTAB1 的值为间隔依次画直纹，构成一个直纹曲面。

直线、圆弧、多段线、圆和点都可以作为直纹曲面的边界边，若一条边界边是闭合的，则另一条边界边也应是闭合的。

12. 边界曲面

构造一个由四条首尾相接的边进行插值获得的双立方体曲面，如图 6-21 所示。

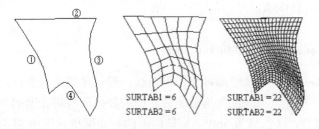

图 6-21　边界曲面

命令：_edgesurf

当前线框密度：SURFTAB1=20　SURFTAB2=30

选择用作曲面边界的对象　1：

选择用作曲面边界的对象　2：

选择用作曲面边界的对象　3：

选择用作曲面边界的对象　4：

四条边必须是首尾相接的闭合回路。网格密度由 SURFTAB1、SURFTAB2 二个系统变量控制。其中，SURFTAB1 变量对应于第一条选择边，SURFTAB2 对应于第二条选择边。非闭合的四条边不能构成该网格曲面。

6.3.2　实体模型

实体模型是一种信息较完整的三维模型。由实体命令生成的基本实体与曲面命令生成的基本曲面外观相似，但基本实体之间可以进行并集、差集和交集布尔操作，从而能够构造出复杂的形体，用户亦能分析实体的质量、体积、重心等物理特性，从而能为一些如数控加工、有限元等应用分析提供数据。而曲面模型不能进行这些操作。

AutoCAD 为创建基本实体提供了实体工具栏，见图 6-22。

图 6-22 实体工具栏

1. 长方体或正方体

命令：_box
指定长方体的角点或 [中心点(CE)] <0,0,0>：
指定角点或 [立方体(C)/长度(L)]：

1) 角点：通过输入底面对角线的另一点，再输入长方体的高，建立了长方体。
2) 立方体：通过输入长度，即建立了正方体。
3) 长度：通过输入长方体的长、宽、高来建立长方体。

在输入另一角点时，若新角点与第一角点的 Z 坐标不一样，AutoCAD 则根据这两个角点创建出长方体。

2. 球体

命令：_sphere
当前线框密度：ISOLINES=4
指定球体球心 <0,0,0>：
指定球体半径或 [直径(D)]：

3. 圆柱或椭圆柱

命令：_cylinder
当前线框密度：ISOLINES=6
指定圆柱体底面的中心点或 [椭圆(E)] <0,0,0>：
指定圆柱体底面的半径或 [直径(D)]：
指定圆柱体高度或 [另一个圆心(C)]：

输入圆柱体的高度或输入另一端面上的中心位置，建立圆柱体。

命令：_cylinder
当前线框密度：ISOLINES=4
指定圆柱体底面的中心点或 [椭圆(E)] <0,0,0>：e✓
指定圆柱体底面椭圆的轴端点或 [中心点(C)]：
指定圆柱体底面椭圆的第二个轴端点：
指定圆柱体底面的另一个轴的长度：
指定圆柱体高度或 [另一个圆心(C)]：

输入椭圆柱体的高度或输入另一端面上的中心位置，建立椭圆柱。

4. 圆锥或椭圆锥

命令：_cone

当前线框密度：ISOLINES=6

指定圆锥体底面的中心点或 [椭圆(E)] <0,0,0>：

指定圆锥体底面的半径或 [直径(D)]：

指定圆锥体高度或 [顶点(A)]：

输入圆锥的高度或锥体的顶点，建立圆锥体。椭圆锥的生成类似于椭圆柱。

> 注释：
>
> 　　因为圆柱、圆锥顶点与底面中心点的连线总是垂直于底面，所以圆柱、圆锥底面所在平面将由该连线方向而定。

5. 楔体

命令：_wedge

指定楔体的第一个角点或 [中心点(CE)]　 <0,0,0>：

指定角点或 [立方体(C)/长度(L)]：

1) 角点：通过输入底面对角线的另一点，再输入长方体的高，建立了长方体。
2) 立方体：通过输入长度，生成三条直角边相等的楔体。
3) 长度：按指定的长、宽、高来创建楔体。

6. 圆环

命令：_torus

当前线框密度：ISOLINES=6

指定圆环体中心 <0,0,0>：

指定圆环体半径或 [直径(D)]：

指定圆管半径或 [直径(D)]：

7. 拉伸实体

通过拉伸指定的二维对象创建三维实体。

AutoCAD 的拉伸命令可以沿垂直于二维对象的 Z 轴方向拉伸，或沿一定的路径拉伸。用于拉伸的二维对象可以是圆、椭圆、封闭的二维多段线、封闭的曲线、面域等对象。拉伸的路径可以是直线、圆（弧）、椭圆（弧）、多段线或样条曲线。

用于拉伸的二维对象与路径不能在同一平面上。

命令：_extrude

当前线框密度：ISOLINES=6

选择对象：

指定拉伸高度或 [路径(P)]：

指定拉伸的倾斜角度 <0>：

图 6-23（a）为一封闭的多段线，将其拉伸一高度和倾斜角度，生成实体见图 6-23（b）。若将其沿图 6-23（c）所示的路径拉伸，生成实体见图 6-23（d）。

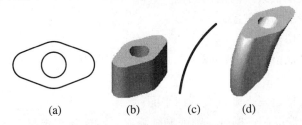

(a)　　　　　(b)　　　(c)　　　(d)

图 6-23　拉伸二维对象创建实体

8. 旋转实体

通过旋转指定的二维对象创建三维实体。

AutoCAD 的旋转命令可将指定的二维封闭对象沿某轴旋转一定的角度创建三维实体。二维对象可以是圆、椭圆、封闭的二维多段线、封闭的样条曲线以及面域等对象。

命令：_revolve

当前线框密度：ISOLINES=6

选择对象：

指定旋转轴的起点或定义轴依照 [对象(O)/X 轴(X)/Y 轴(Y)]：

可用三种方法来指定旋转轴。各选项含义如下：

1) 指定旋转轴的起点：通过指定旋转轴的起点和终点位置来确定出旋转轴。

2) 对象：只能选择直线或多段线。选择多段线时，如果拾取的是线段，对象则绕该线段旋转；如果选择的是圆弧段，则以该圆弧两端点的连线作为旋转轴旋转。

3) X 轴 Y 轴：指定 X 轴或 Y 轴为旋转轴。

9. 剖切实体

可以切开现有实体，并移去指定部分，从而创建新的实体。可以保留剖切实体的一半或全部，见图 6-24。

指定用于定义剪切　　　　保留对象的一半　　　　两半都保留
平面的三个点

图 6-24　剖切实体

剖切实体的步骤：

1)　单击实体工具栏的剖切图标 。

2)　选择要剖切的对象。

3)　定义剖切平面。

4)　指定要保留的部分，或输入 b 将两半都保留。

剖切平面的定义：

1)　三点：指定三点来定义剖切平面。

2)　对象：选取圆、椭圆、圆或椭圆弧、二维样条曲线及二维多段线等对象所在的平面作为剖切平面。

3)　Z 轴：通过指定剖切平面上的一点，以及指定该平面法线（Z 轴）的另一点来定义截面平面。

4)　视图：通过指定一点，以通过该点且与当前视口的视图平面平行的平面作为剖切平面。

5)　XY / YZ / ZX：通过指定一点，以通过该点且与当前 UCS 的 XY/YZ/ZX 平面平行的平面作为剖切平面。

10. 创建实体截面

用户可采用面域的形式来创建指定实体的某个截面。创建实体截面的平面定义与剖切命令类似，见图 6-25。

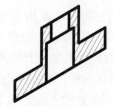

选定的对象和指定　　　定义的相交截面的　　　为了清晰显示，将相
的三个点　　　　　　剪切平面　　　　　　交截面隔离并填充

图 6-25　实体截面

如果要对截面进行图案填充，必须先将 UCS 与截面对齐。

6.3.3　编辑实体模型

在 AutoCAD 中，提供了一个功能强大的实体编辑工具栏，可对三维实体的边、面和体分别进行修改（图 6-26）。

图 6-26　实体编辑工具栏

1. 布尔运算

AutoCAD 提供的布尔运算命令在实体编辑工具栏，该命令只对面域和实体有效。

对基本实体运用布尔运算（并集、差集、交集）可创建复杂的组合实体，见图 6-27。布尔运算在建模过程中是非常有用的一组命令，并集是指将两个或两个以上的实体合并成一个组合的实体。差集指从一些实体中减去另一些实体。交集指使用两个或多个实体的公共部分创建实体。

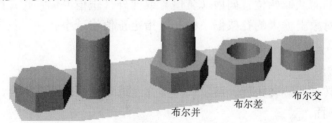

图 6-27　布尔运算

2. 修改三维实体的面

编辑实体对象时，可对实体的表面进行拉伸、移动、旋转、偏移、倾斜、删除或复制，还可改变面的颜色。

（1）拉伸面

按指定的高度值和倾斜角拉伸实体的平面。输入正高度值可沿正方向拉伸面（通常是向外）；反之沿负方向拉伸面（通常是向内），见图 6-28。

输入正倾斜角度拉伸面将向内倾斜，反之拉伸面将向外倾斜。默认倾斜角为 0。

（2）移动面

AutoCAD 只移动选定的面而不改变其方向。可以方便地移动三维实体上的孔，见图 6-28。

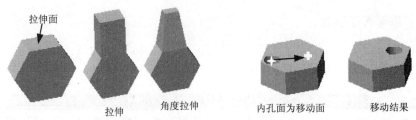

图 6-28　拉伸与移动实体面

(3) 删除面 　
可以从三维实体对象上删除面和圆角。如可从三维实体对象上删除孔或圆角，见图 6-29。

图 6-29　删除与偏移实体面

(4) 偏移面 　
将现有的面从原始位置向内（负值）或向外（正值）偏移指定的距离。如可以修改实体对象上偏大的孔或偏小的孔。指定正值将减小孔径，反之增大孔径，见图 6-29。

(5) 旋转面 　
指定旋转轴和旋转角度。可以旋转实体上选定的面或特征集合，见图 6-30。

(6) 倾斜面 　
指定矢量轴以及倾斜角倾斜实体面。正角度选定的面将向内倾斜，反之选定的面将向外倾斜面，见图 6-30。

图 6-30　旋转与倾斜实体面

(7) 复制面 　
指定基点和位移点，将选定的面复制为面域或体，见图 6-31。

(8) 抽壳 　
以指定的厚度创建三维实体对象的壳体或中空的薄壁。AutoCAD 通过将现有的面向原位置的内部（正值）或外部（负值）偏移来创建新的面。偏移时，

AutoCAD 将连续相切的面看作一个面，见图 6-31。

复制表面   抽壳去除表面

图 6-31   复制实体面和三维实体抽壳

(9) 着色面

可以修改三维实体对象上的面的颜色。

3. 三维实体倒角和倒圆

(1) 实体倒圆

给实体的棱边加上倒圆。其操作步骤为：

1) 单击绘图工具栏的倒圆图标。

2) 选择一条实体的棱边。

3) 输入圆角半径。

4) 选择需进行倒圆的边。

(2) 实体倒角

给实体的棱边加上倒角。其操作步骤为：

1) 单击绘图工具栏的倒角图标。

2) 选择一条实体的棱边。

3) 选择基准面。Dist1 为倒角在基准面上的距离, Dist2 倒角在另一平面上的距离。

4) 分别指定 Dist1 和 Dist2。

5) 选择需进行倒角的边或环边。进行倒角的边或环边都应位于基准表面上。

4. 三维修改命令

(1) 三维阵列命令

在 AutoCAD 的三维空间内，用户可以使用三维阵列命令来创建指定对象的三维阵列。同二维阵列命令一样，三维阵列也有矩形阵列和环形阵列两种形式。该命令的调用方式为：

菜单: 修改 → 三维操作 → 三维阵列

指定阵列在 X、Y 和 Z 轴方向的数目和间距，将创建一个三维矩形阵列。

指定环形阵列的旋转轴，在创建阵列时是否旋转每个阵列的项目以及这些项目将填充的角度，则将创建一个三维环形阵列。

(2) 三维镜像命令

在 AutoCAD 的三维空间内，用户可以使用三维镜像命令，沿指定的镜像平面来创建指定对象的空间镜像。该命令的调用方式为：

菜单：修改 → 三维操作 → 三维镜像

镜像平面有以下几种定义方法：

1) 三点：通过指定的三个点来定义镜像平面。
2) 对象：使用指定的平面对象作为镜像平面。
3) 最近的：使用最后一次定义的镜像平面。
4) Z 轴：根据平面上的一个点和平面法线上的一个点定义镜像平面。
5) 视图：通过指定点，并与当前视图平面平行的平面。
6) XY/YZ/ZX：通过指定点，并与 XY/YZ/ZX 平面平行的平面。

(3) 三维旋转命令

围绕任意三维空间轴线来旋转指定的对象。该命令的调用方式为：

菜单：修改 → 三维操作 → 三维旋转

旋转轴有以下几种定义方法：
1) 对象：将旋转轴与某个现有对象对齐。
2) 最近的：使用最后一次定义的旋转轴。
3) 视图：定义通过指定点并与当前视图平面垂直的直线方向为旋转轴。
4) X 轴：定义通过指定点并于 X 轴平行的直线方向为旋转轴。
5) Y 轴：定义通过指定点，并于 Y 轴平行的直线方向为旋转轴。
6) Z 轴：定义通过指定点，并于 Z 轴平行的直线方向为旋转轴。
7) 两点：通过指定两个点来定义旋转轴。
定义了旋转轴后，用户还需要指定对象的旋转角度。

(4) 对齐命令

将指定对象平移、旋转或按比例缩放，使其与目标对象对齐。
该命令的调用方式为：

菜单：修改 → 三维操作 → 对齐

对齐有以下三种方式：
1) 使用一对点：用户指定第一源点和第一目标点，然后回车确认，此时系统将指定的对象从第一源点移动到第一目标点。即相当于移动命令。
2) 使用两对点：用户分别指定第一源点和第一目标点、第二源点和第二目标点，然后回车确认，系统将根据第一、二源点连线和第一、二目标点连线之间的距离、角度来改变指定对象的位置，并提示用户是否进行比例缩放。

3) 使用三对点：用户分别指定第一源点和第一目标点、第二源点和第二目标点以及第三源点和第三目标点，系统首先将指定对象从第一源点移动到第一目标点，再将第一、二源点连线和第一、二目标点连线对齐，再将第二、三源点连线和第二、三目标点连线对齐，从而最终确定指定对象的位置。

6.4　机械零件的建模

AutoCAD 虽然提供了线框建模、曲面建模和实体建模三种建模方式，但机械设计一般使用的是实体建模方式。本节将通过几个机械零件的建模实例，介绍 AutoCAD 实体建模的方法，并将建模结果转移到二维空间进行图形开发。

6.4.1　支座零件的建模

本例是先建立简单立体，然后进行布尔运算建立支座零件，通过本例读者可了解三维建模环境的设置，简单立体的生成，布尔运算，三维修改等建模方法。

step1. 设置三维建模的环境

以"默认设置"开始新图形，建立一个以三维方式工作的图形窗口和 UCS 系统，并以图形的方式保存。

1) 在 AutoCAD 2006 创建图形选项卡先从草图开始，选默认设置，公制。

2) 打开三维建模环境的相关工具栏。

将鼠标移至工具栏任意区域，单击右键，补充勾选"UCS"、"三维动态观察器"、"实体"、"实体编辑"、"视口"、"视图"和"着色"共七个工具栏。

3) 建立四个相等的视口，分别显示主、左、俯三视图和轴侧图，见图 6-32。

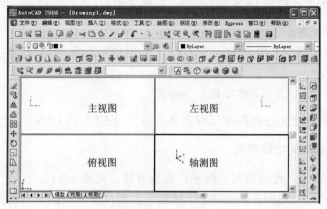

图 6-32　三维建模的绘图环境

单击视口工具栏的命名视图图标 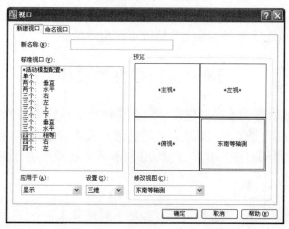，系统打开视口对话框。在新名称文本框中输入"3D"；在标准视口列表中选"四个：相等"；在设置下拉框中选"3D"；单击预览窗左上角的视口，在修改视图下拉列表中选"*主视*"；用同样的方法调整预览窗中其他几个视口的显示内容如图 6-33 所示。

图 6-33　三维建模视口的设置

4）为主视图视口和左视图视口设置相应的 UCS，使得视口内的视图平面与 UCS 的 XOY 坐标面重合。

目前，四个视口的 UCS 均为缺省的世界坐标系。显示俯视图和轴侧图的两个视口仍然使用世界坐标系。分别为主视图视口设置名称为"FRONT"的 UCS，为左视图视口设置名称为"LEFT"的 UCS。其操作过程如下：

激活左上角的主视图视口，单击视图工具栏的视图 UCS 图标 。现在已为主视图视口建立了一个 UCS，其 XOY 坐标面与视口的视图平面重合。还需将其保存下来。

单击视图工具栏的 UCS 图标 。系统提示：

当前 UCS 名称：*没有名称*

输入选项：[新建(N)/移动(M)/正交(G)/上一个(P)/恢复(R)/保存(S)/删除(D)/应用(A)/?/世界(W)] <世界>：S✓

输入保存当前 UCS 的名称或 [?]：　front✓

用同样的方法为左视图视口设置名称为"LEFT"的 UCS。

step2.　建立简单的立体模型

1）绘制第一个底面与侧平面平行的长方体，见图 6-34。

首先激活右上角的左视图视口，然后单击实体工具栏的长方体图标 ，系统提示：

命令：_box

指定长方体的角点或 [中心点(CE)] <0,0,0>：∠

指定角点或 [立方体(C)/长度(L)]：30,30∠

指定高度：15∠

2) 绘制一个底面与正平面平行的长方体，见图 6-35。

首先激活左上角的主视图视口，然后单击实体工具栏的长方体图标🔲，系统提示：

命令：_box

指定长方体的角点或 [中心点(CE)] <0,0,0>：∠

指定角点或 [立方体(C)/长度(L)]：65,28∠

指定高度：10∠

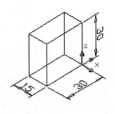

图 6-34

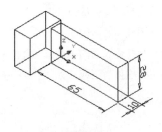

图 6-35

3) 绘制一个底面与水平面平行的长方体，见图 6-36。

首先激活右下角的轴侧图视口，然后单击实体工具栏的长方体图标🔲，系统提示：

命令：_box

指定长方体的角点或 [中心点(CE)] <0,0,0>：捕捉角点①，见图 6-36。

指定角点或 [立方体(C)/长度(L)]：捕捉角点②。

指定高度：10∠

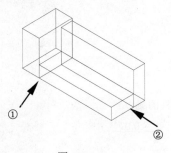

图 6-36

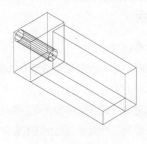

图 6-37

4) 绘制一个轴线与侧平面垂直的小圆柱，见图 6-37。

首先激活左视图视口，然后单击实体工具栏的圆柱图标 ▣，系统提示：

命令：_cylinder

当前线框密度：ISOLINES=4

指定圆柱体底面的中心点或 [椭圆(E)] <0,0,0>：20,20,-10✓

指定圆柱体底面的半径或 [直径(D)]：4✓

指定圆柱体高度或 [另一个圆心(C)]：30✓

5) 绘制一个轴线与水平面垂直的小圆柱，见图 6-38。

首先激活轴侧图视口，然后单击实体工具栏的圆柱图标 ▣，系统提示：

命令：_cylinder

当前线框密度：ISOLINES=4

指定圆柱体底面的中心点或 [椭圆(E)] <0,0,0>：20,-20,-10✓

指定圆柱体底面的半径或 [直径(D)]：4✓

指定圆柱体高度或 [另一个圆心(C)]：30✓

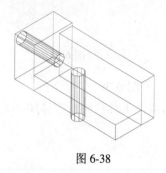 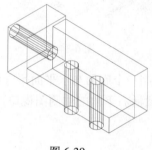

图 6-38　　　　　　　　　　图 6-39

step3. 使用复制命令复制三维物体（图 6-39）

仍然将轴侧图视口作为当前视口，然后单击修改工具栏的复制对象图标 ▣，系统提示：

命令：_copy

选择对象：拾取铅垂放置的小圆柱。

选择对象：✓

指定基点或 [位移(D)] <位移>：捕捉该小圆柱的圆心。

指定第二个点或 [退出(E)/放弃(U)] <退出>：@20,0,0✓

step4. 对简单立体进行布尔操作，组合成复杂立体（图 6-40）

1) 合并三个长方体成一组合体。

将轴侧图视口作为当前视口，然后单击实体编辑工具栏的并集图标 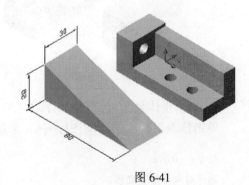，系统提示：

命令：_union

选择对象：拾取第一个长方体。

选择对象：拾取第二个长方体。

选择对象：拾取第三个长方体。

选择对象：↙

2) 从组合体中减去三个小圆柱体。

单击实体编辑工具栏的差集图标 ，系统提示：

命令：_subtract 选择要从中减去的实体或面域…

选择对象：拾取组合体。

选择对象：↙

选择要减去的实体或面域…

选择对象：拾取第一个小圆柱

选择对象：拾取第一个小圆柱

选择对象：拾取第一个小圆柱

选择对象：↙

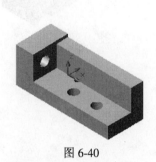

图 6-40

图 6-41

step5. 使用楔体切割组合体

1) 绘制楔体，见图 6-41。

将轴侧图视口作为当前视口，单击实体工具栏的楔体图标 ，系统提示：

命令：_wedge

指定楔体的第一个角点或 [中心点(CE)] <0,0,0>：

指定角点或 [立方体(C)/长度(L)]：　@80,30,0✓
指定高度：28✓

2) 将楔体绕 Y 轴旋转 180°，见图 6-42。

命令：修改 → 三维操作 → 三维旋转

调用该命令后，系统提示：

命令：_rotate3d
正在初始化...
当前正向角度：ANGDIR=逆时针 ANGBASE=0
选择对象：拾取楔体。
选择对象：✓
指定轴上的第一个点或定义轴依据
[对象(O)/最近的(L)/视图(V)/X 轴(X)/Y 轴(Y)/Z 轴(Z)/两点(2)]：　y✓
指定 Y 轴上的点 <0,0,0>：指定楔体的任一角点。
指定旋转角度或 [参照(R)]：　180✓

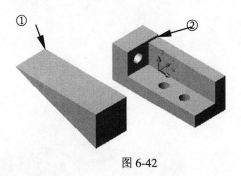 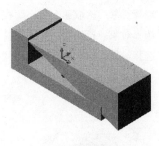

图 6-42　　　　　　　　　　　　　　　　图 6-43

3) 移动楔体至指定位置，见图 6-43。
单击修改工具栏的移动图标 ✛ ，系统提示：

命令：_move
选择对象：拾取楔体。
选择对象：✓
指定基点或 [位移(D)] <位移>：拾取图 6-42 所示的①点。
指定位移的第二点或 <用第一点作位移>：拾取图 6-42 所示的②点。

4) 使用楔体切割组合体，见图 6-44。
单击实体编辑工具栏的差集图标 ◍ ，从组合体中减去楔体。

step6. 在组合体上创建倒角和倒圆

1) 创建倒圆。

使用编辑工具栏的倒圆图标▕，系统提示：

命令：_fillet

当前模式：模式 = 修剪，半径 = 20.0000

选择第一个对象或 [放弃(U)/多段线(P)/半径(R)/修剪(T)/多个(M)]：拾取图 6-44 所示①处的直线。

输入圆角半径 <20.0000>：10✓

选择边或 [链(C)/半径(R)]：✓

2) 创建倒角。

使用编辑工具栏的倒角图标▕，系统提示：

命令：_chamfer

("修剪"模式) 当前倒角距离 1 = 10.0000，距离 2 = 10.0000

选择第一条直线或[放弃(U)/多段线(P)/距离(D)/角度(A)/修剪(T)/方式(E)/多个(M)]：拾取图 6-44 所示①处的直线，结果如图 6-45 所示。

基面选择...

输入曲面选择选项 [下一个(N)/当前(OK)] <当前>：✓

指定基面的倒角距离 <10.0000>：2✓

指定其他曲面的倒角距离 <10.0000>：2✓

选择边或 [环(L)]：拾取图 6-44 所示②处的一根环线。

选择边或 [环(L)]：拾取图 6-44 所示②处的另一根环线。

选择边或 [环(L)]：✓

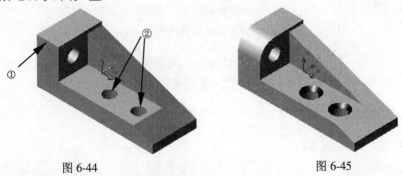

图 6-44　　　　　　　　　　　　　　　图 6-45

6.4.2　铰链零件的建模

通过本例的学习，读者将了解另一种建模方式，即先绘制二维图形，然后对二维图形进行拉伸或旋转形成三维物体。

step1. 设置与上例相同的三维建模的环境

step2. 建立铰链的第一个拉伸立体

1) 绘制二维图形。

将主视图视口作为当前视口，单击绘图工具栏的多段线图标 🖱️，绘制如图 6-46 所示的图形。

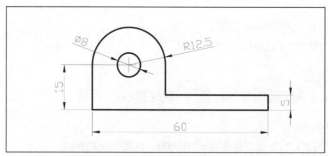

图 6-46

2) 拉伸多段线和小圆。

将轴侧图视口作为当前视口，单击实体工具栏的拉伸图标 🗔，系统提示：

命令：_extrude
当前线框密度：ISOLINES=4

图 6-47

选择对象：拾取多段线。
选择对象：拾取小圆。
选择对象：∠
指定拉伸高度或 [路径(P)]：30∠
指定拉伸的倾斜角度 <0>：∠

3) 使用布尔操作的差集图标 ⬤，从铰链块中减去小圆柱，见图 6-47。

step3. 创建沉头螺钉孔

1) 建立新的 UCS。

将轴侧图视口作为当前视口，首先在铰链板上利用中点捕捉绘制如图 6-48 所示的一根辅助线。然后单击 UCS 工具栏的原点 UCS 图标 ↙，系统提示：

命令：_ucs
[新建(N)/移动(M)/正交(G)/上一个(P)/恢复(R)/保存(S)

/删除(D)/应用(A)/?/世界(W)] <世界>: _o

指定新原点 <0,0,0>: 捕捉辅助线的中点。

图 6-48　移动 UCS

图 6-49　旋转 UCS

再将 UCS 绕 X 轴转 90°,见图 6-49。单击 UCS 工具栏的原点 UCS 图标 ,系统提示:

命令: _ucs

输入选项

[新建(N)/移动(M)/正交(G)/上一个(P)/恢复(R)/保存(S)

/删除(D)/应用(A)/?/世界(W)]

<世界>: _x

指定绕 X 轴的旋转角度 <90>: ✓

删除辅助线。

2) 绘制沉头螺钉孔的二维图形。

单击绘图工具栏的多段线图标 ,系统提示:

命令: _pline

指定起点: 0,0,0✓

当前线宽为 0.0000

指定下一个点或 [圆弧(A)/半宽(H)/长度(L)/放弃(U)/宽度(W)]: @7,0✓

指定下一点或 [圆弧(A)/闭合(C)/半宽(H)/长度(L)/放弃(U)/宽度(W)]: @-4,-2.5✓

指定下一点或 [圆弧(A)/闭合(C)/半宽(H)/长度(L)/放弃(U)/宽度(W)]: @0,-3✓

指定下一点或 [圆弧(A)/闭合(C)/半宽(H)/长度(L)/放弃(U)/宽度(W)]: @-3,0✓

指定下一点或 [圆弧(A)/闭合(C)/半宽(H)/长度(L)/放弃(U)/宽度(W)]: c✓

3) 旋转二维图形生成沉头螺钉孔立体。

单击绘图工具栏的多段线图标 ,系统提示:

命令: _revolve

当前线框密度: ISOLINES=16

选择对象：拾取刚画的多段线图形。

选择对象：↙

指定旋转轴的起点或定义轴依照 [对象(O)/X 轴(X)/Y 轴(Y)]：y↙

指定旋转角度 <360>：↙

4) 使用布尔操作的差集图标 ⊙⊙，从铰链块中减去沉头螺钉孔立体，见图 6-50。

图 6-50　　　　　　　　　　　图 6-51

step4. 使用拉伸立体剪切铰链块

1) 将 UCS 的 XOY 坐标面与铰链底版的上表面重合。单击 UCS 工具栏的原点 UCS 图标 ，系统提示：

命令：_ucs

输入选项

[新建(N)/移动(M)/正交(G)/上一个(P)/恢复(R)/保存(S)

/删除(D)/应用(A)/?/世界(W)]

<世界>：_x

指定绕 X 轴的旋转角度 <90>：–90↙

2) 创建一个用于修剪用的拉伸立体，见图 6-51。

单击绘图工具栏的多段线图标。

命令：_pline

指定起点：0,13,0↙

当前线宽为 0.0000

指定下一个点或 [圆弧(A)/半宽(H)/长度(L)/放弃(U)/宽度(W)]：@16<270↙

指定下一点或 [圆弧(A)/闭合(C)/半宽(H)/长度(L)/放弃(U)/宽度(W)]：@60<180↙

指定下一点或 [圆弧(A)/闭合(C)/半宽(H)/长度(L)/放弃(U)/宽度(W)]：@16<90↙

指定下一点或 [圆弧(A)/闭合(C)/半宽(H)/长度(L)/放弃(U)/宽度(W)]：c↙

单击实体工具栏的拉伸图标 ，系统提示：

命令：_extrude
当前线框密度：ISOLINES=4
选择对象：拾取多段线。
选择对象：∠
指定拉伸高度或 [路径(P)]：30∠
指定拉伸的倾斜角度 <0>：∠

3) 使用布尔操作的差集图标 ，从铰链块中减去拉伸立体，见图 6-52。

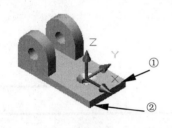

图 6-52

图 6-53

step5. 给铰链加上倒圆角，见图 6-53

单击修改工具栏的倒圆角图标 ，系统提示：

命令：_fillet
当前模式：模式 = 修剪，半径 = 10.0000
选择第一个对象或[放弃(U)/多段线(P)/半径(R)/修剪(T)/多个(M)]：拾取如图 6-52 中所示的②处的直线。
输入圆角半径 <10.0000>：15∠
选择边或 [链(C)/半径(R)]：拾取如图 6-52 中所示的①处的直线。
选择边或 [链(C)/半径(R)]：再次拾取①处的直线。
选择边或 [链(C)/半径(R)]：∠

上 机 练 习

根据机器虎钳钳座的零件图（图 6-54），建立钳座的三维模型。

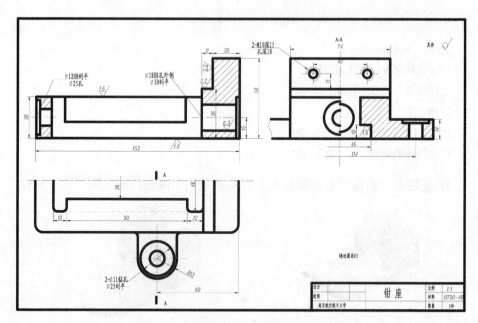

图 6-54　钳座零件图

step1. 以"从草图开始"、"公制"开始一张新图

step2. 单击视口工具栏的单个视口图标，将整个绘图区域作为一个视口

step3. 单击视图工具栏的东北等轴侧视图图标，为该视口设置视点

step4. 使用实体工具栏的长方体图标，建立如图 6-55 所示的立体

　　命令：_box
　　指定长方体的角点或 [中心点(CE)] <0,0,0>：↙
　　指定角点或 [立方体(C)/长度(L)]：152,74,30↙

step5. 使用原点 UCS 移动 UCS 至新的原点（图 6-56）

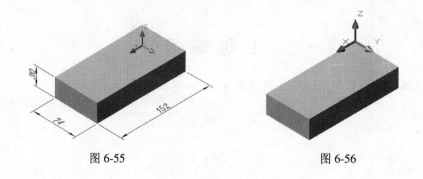

图 6-55　　　　　　　　　　　　　　　　　　图 6-56

step6. 使用长方体图标 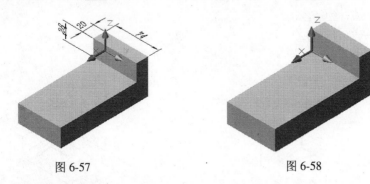　，建立如图 6-57 所示的立体

命令：_box
指定长方体的角点或 [中心点(CE)] <0,0,0>：⤶
指定角点或 [立方体(C)/长度(L)]：20,74,28⤶

step7. 使用原点 UCS　移动 UCS 至新的原点（图 6-58）

图 6-57　　　　　　　　　　　　　　图 6-58

step8. 使用长方体图标　，建立如图 6-59 所示的立体

命令：_box
指定长方体的角点或 [中心点(CE)] <0,0,0>：⤶
指定角点或 [立方体(C)/长度(L)]：8,74,6⤶

step9. 使用实体编辑工具栏的并集图标　，合并三个长方体

step10. 使用　移动 UCS 至新的原点（捕捉中点）（图 6-60）

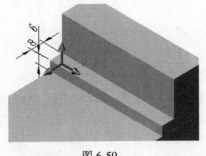
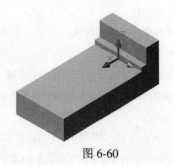

图 6-59　　　　　　　　　　　　　　图 6-60

step11. 建立一个拉伸体并作剪切

1）绘制拉伸体的二维图形。

使用　绘制多段线，见图 6-61。系统提示：

命令：_pline

指定起点：<u>0,0,0</u>✓

当前线宽为 0.0000

指定下一个点：<u>@0,23</u>✓

指定下一个点：<u>@12,0</u>✓

指定下一点：<u>@0,-5</u>✓

指定下一点：<u>@90,0</u>✓

指定下一点：<u>@0,5</u>✓

指定下一点：<u>@10,0</u>✓

指定下一点：<u>@0,-23</u>✓

 指定下一点或：<u> </u>✓

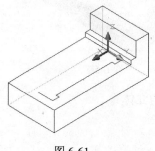

图 6-61

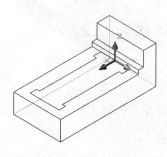

图 6-62

三维镜像多段线，见图 6-62。

修改 → 三维操作 → 三维镜像

命令：_mirror3d

正在初始化...

选择对象：拾取多段线。

选择对象：✓

指定镜像平面 (三点) 的第一个点或

[对象(O)/最近的(L)/Z 轴(Z)/视图(V)/XY 平面(XY)/YZ 平面(YZ)/ZX 平面(ZX)/三点(3)]

<三点>：<u>zx</u> ✓

指定 ZX 平面上的点 <0,0,0>：拾取多段线的末点。

是否删除源对象？[是(Y)/否(N)] <否>：<u> </u>✓

2) 使用面域图标 ▣ 将该二维图形作成面域。

命令：_region

选择对象：拾取第一条多段线。

选择对象：拾取第二条多段线。

选择对象：∠

已提取 1 个环。

已创建 1 个面域。

3）使用拉伸图标 将该面域沿 Z 向拉–20，见图 6-63。

4）使用差集图标 ⬤ 从钳座中减去拉伸体，见图 6-64。

step12. 使用 ⌐ 移动 UCS 至槽底右端边线的角点（图 6-65）

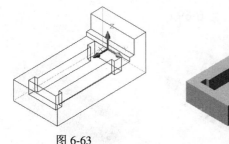

图 6-63

图 6-64

图 6-65

step13. 使用长方体图标 ⬚ 建立一切割体

命令：_box

指定长方体的角点或 [中心点(CE)] <0,0,0>：∠

指定角点或 [立方体(C)/长度(L)]：112,46,-10∠

step14. 使用差集图标 ⬤ 对钳座进行切割，并使用三维动态观察器的三维动态观察图标进行观看（图 6-66）

若要系统恢复原视点，单击东北等轴侧视图图标 ⬖ 即可。

step15. 为钳座右端距底边 15 的孔建立 UCS

1）使用 ⌐ 先将 UCS 移至槽右端底边的中点。

2）再使用 ⌐ 将 UCS 移至距槽右端底边高度为 15 处。

图 6-66

命令：_ucs

输入选项

[新建(N)/移动(M)/正交(G)/上一个(P)/恢复(R)/保存(S)/删除(D)/应用(A)/?/世界(W)]

<世界>：_o

指定新原点 <0,0,0>： 0,0,15∠

3) 使用 ⬚ 将 UCS 绕 Y 轴旋转 90°，见图 6-67。

step16. 先后使用实体工具栏的圆柱图标 ⬚、原点 UCS 图标 ⬚、圆柱图标 ⬚ 和差集图标 ⬚ 建立钳座右端的孔（图 6-68）

1) 圆柱图标 ⬚：半径 9，高度−25。
2) 原点 UCS 图标 ⬚：新圆点（0，0，−25）。
3) 圆柱图标 ⬚：半径 15，高度−5。
4) 差集图标 ⬚：从钳座中减去两圆柱。

step17. 用同样的方法为钳座的另一端开孔（图 6-69）

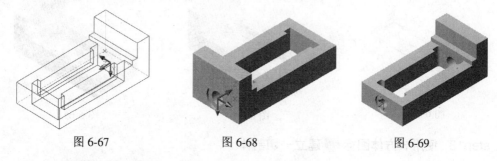

图 6-67　　　　　　　　　　图 6-68　　　　　　　　　　图 6-69

step18. 为钳座的槽倒圆角，倒圆半径 R3（图 6-69）

step19. 创建钳座的安装搭板

1) 为搭板绘制封闭的二维图形，并作成面域，见图 6-70。
2) 拉伸该面域，高度 14，见图 6-71。

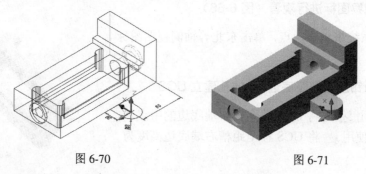

图 6-70　　　　　　　　　　　　　　　　　图 6-71

3) 创建搭板上的阶梯孔，见图 6-72。
4) 移动 UCS 至钳座前后对称面上的任意一点，见图 6-73。
5) 镜像搭板，并将两搭板合并到钳座上，见图 6-74。

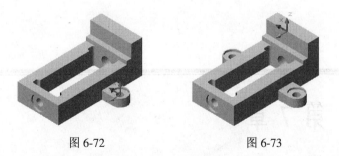

图 6-72   图 6-73

step20. 创建钳口铁安装孔，至此已完成了钳座的全部建模工作（图 6-74）

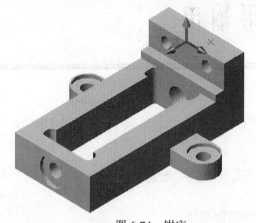

图 6-74　钳座

第 7 章

图形输出

学习本章后，你将能够：

◆ 了解布局的概念与设置

◆ 创建与管理布局

◆ 在布局中使用浮动视口

◆ 设置图纸空间的图形

◆ 图形打印简介与打印命令

◆ 使用电子打印和 DWF 文件

◆ 由三维模型生成二维多视图

7.1　打印与布局

打印 AutoCAD 图形只需单击标准工具栏中的打印图标🖨即可。但在很多情况下，都希望对图形进行适当处理后再输出。例如，机械图就是在一张图纸上输出多个视图，此时就要用到所谓的图纸空间了。

布局是一种图纸空间环境，它模拟图纸页面，提供直观的打印设置。可以在图形中创建多个布局以显示不同视图，每个布局可以包含不同的打印比例和图纸尺寸。布局显示的图形与图纸页面上打印出来的图形完全一样。

7.1.1　模型空间与图纸空间

AutoCAD 提供了两个并行的工作环境，模型空间和图纸空间。通常是在模型空间中设计图形，在图纸空间中进行打印设置。

对于模型空间，大家已很熟悉了，因为在前面给出的示例都是在模型空间进行的。模型空间是一个三维坐标空间，主要用来设计零件和图形的几何形状，设计者一般在模型空间完成其主要的设计构思。如果图形不需要打印多个视口，可直接从模型选项卡中打印图形。

若要将几何模型表达到工程图上，进行多视图输出，就需要使用布局选项卡进入图纸空间，在这种绘图环境中，可以创建多视口，指定诸如图纸尺寸、图形方向以及位置之类的页面设置，所有的打印设置可与布局一起保存。

目前的设计方向是首先进行三维零件的建模和设计，然后在工程图上对其进行各个角度的投影、标注尺寸、加入标题栏和图框等操作，此时在模型空间已经不能方便地进行这些操作了，在图纸空间则非常方便。在 AutoCAD 中图纸空间是以布局的形式来使用的。

1. 设置布局环境的基本步骤

一般情况下，设置布局环境包含以下几个步骤：
1) 进行零件的建模和设计。
2) 配置打印设备。
3) 激活或创建布局。
4) 指定布局的页面设置，如打印设备、图纸尺寸、打印区域、打印比例等。
5) 插入标题栏。
6) 在布局中创建浮动视口。
7) 设置浮动视口的视图比例。

8) 按照需要在布局中创建注释和几何图形。

2. 模型空间与图纸空间的切换

选择绘图区域底部的布局选项卡，就可以进入相应的图纸空间环境，如图 7-1 所示。

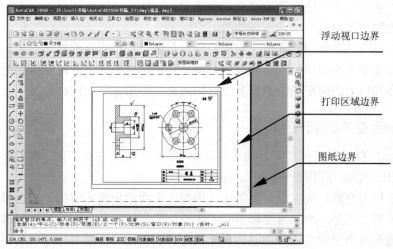

图 7-1　进入图纸空间

在图纸空间，用户可随时选择"模型"选项卡返回模型空间。

另外，用户若在布局中的浮动视口内双击鼠标左键，即可进入浮动视口中的模型空间（图 7-2）。

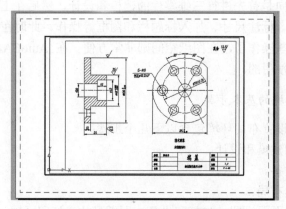

图 7-2　在布局中访问模型空间

浮动视口相当于模型空间中的视图对象，用户可以在图纸空间编辑浮动视口。而在浮动视口中处理模型空间对象，在模型空间中的所有修改都将反映到图纸空间所有的视口中。在浮动视口外的布局区域双击鼠标左键，则回到图纸空间。

7.1.2　布局设置

布局模拟图纸页面，并提供直观的打印设置。在布局中可以创建并放置视口对象，还可以添加标题栏或其他对象和几何图形。可以在图形中创建多个布局以显示不同视图，每个布局可以包含不同的打印比例和图纸尺寸。

默认情况下，新图形起始有两个布局选项卡，布局 1 和布局 2。

页面设置是随布局一起保存的打印设置。利用页面设置对话框，可对打印设备和打印布局进行详细的设置。

在绘图任务中首次选择布局选项卡时，将显示单一视口，并以边界线框来表示当前配置的打印机的纸张大小和图纸的可打印区域。AutoCAD 还显示页面设置对话框，从中可以指定打印设备和布局的设置。指定的布局设置将随布局一起保存。

用户可通过在布局选项卡上单击鼠标右键，选"新建布局"项，系统即创建一个新的布局，选择该布局选项卡，系统打开页面设置对话框，为该新布局进行页面设置。

用户也可通过调用页面设置命令来修改当前布局的页面设置。调用方式为：

菜单：文件 → 页面设置管理器...

点修改按钮后，系统弹出当前布局的页面设置对话框，如图 7-3 所示。

图 7-3　页面设置对话框

在该对话框中各项设置如下：

(1) 当前页面设置

显示应用于当前布局的页面设置。

(2) 页面设置列表

列出可应用于当前布局的页面设置，或列出发布图纸集时可用的页面设置。

(3) 置为当前

将所选页面设置设置为当前布局的当前页面设置。

(4) 新建

如图 7-4 所示，显示"新建页面设置"对话框，从中可以为新建页面设置输入名称，并指定要使用的基础页面设置：

(5) 修改

如图 7-5 显示页面设置对话框，从中可以编辑所选页面的设置。

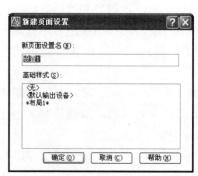

图 7-4　新建页面设置对话框

图 7-5　页面设置选项卡

1) 打印机/绘图仪。

指定打印或发布布局或图纸时使用的已配置的打印设备。

• 名称：列出可用的 PC3 文件或系统打印机，可以从中进行选择，以打印或发布当前布局或图纸。

• 特性：显示绘图仪配置编辑器（PC3 编辑器），从中可以查看或修改当前绘图仪的配置、端口、设备和介质设置。

• 绘图仪：显示当前所选页面设置中指定的打印设备。

• 位置：显示当前所选页面设置中指定的输出设备的物理位置。

• 说明：显示当前所选页面设置中指定的输出设备的说明文字。

• 局部预览：精确显示相对于图纸尺寸和可打印区域的有效打印区域。

2) 图纸尺寸。

显示所选打印设备可用的标准图纸尺寸。如果未选择绘图仪，将显示全部标准图纸尺寸的列表以供选择。

3) 打印区域。

指定要打印的区域，可选择以下 5 种定义中的一种：

• 布局/图形界限：打印布局时，将打印指定图纸尺寸的可打印区域内的所有内容，其原点从布局中的 0,0 点计算得出。

• 范围：打印图形的当前空间中的所有几何图形。

- 显示：打印模型空间当前视口中的视图。
- 视图：打印一个已命名视图。如果没有已命名视图，此项不可用。
- 窗口：打印指定区域内的图形。可单击［窗口<］按钮返回绘图区来指定打印区域的两个角点。

4) 打印偏移。

根据"指定打印偏移时相对于"选项中的设置，指定打印区域相对于可打印区域左下角或图纸边界的偏移。

5) 打印比例。

控制图形单位与打印单位之间的相对尺寸。

6) 打印样式表。

设置、编辑打印样式表，或者创建新的打印样式表。

7) 着色视口选项。

指定着色和渲染视口的打印方式，并确定它们的分辨率级别和每英寸点数 (DPI)。

- 着色打印：指定视图的打印方式。
- 质量：指定着色和渲染视口的打印分辨率。
- DPI：指定渲染和着色视图的每英寸点数，最大可为当前打印设备的最大分辨率。

8) 打印选项。

指定线宽、打印样式、着色打印和对象的打印次序等选项。

- 打印对象线宽：指定是否打印为对象或图层指定的线宽。
- 按样式打印：指定是否打印应用于对象和图层的打印样式。
- 最后打印图纸空间：首先打印模型空间几何图形。
- 隐藏图纸空间对象：指定隐藏操作是否应用于图纸空间视口中的对象。

9) 图形方向。

为支持纵向或横向的绘图仪指定图形在图纸上的打印方向。

- 纵向：放置并打印图形，使图纸的短边位于图形页面的顶部。
- 横向：放置并打印图形，使图纸的长边位于图形页面的顶部。
- 反向打印：上下颠倒地放置并打印图形。
- 图标：指示选定图纸的介质方向并用图纸上的字母表示页面上的图形方向。

(6) 输入

显示"从文件选择页面设置"对话框，从中可以选择图形格式或图形交换格式文件，从这些文件中输入一个或多个页面设置。

完成以上设置后，用户可直接单击标准工具栏上的 🖰 按钮来进行打印。

7.2　浮　动　视　口

在第 6 章中已经了解了如何在模型空间中创建多视口。同样，在图纸空间中也可以创建视口。模型空间的视口一般称为平铺视口，图纸空间的视口称为浮动视口。

与平铺视口不同，浮动视口可以重叠或进行编辑。在构造布局时，可以将视口视为模型空间中的图形对象，对它进行移动和调整大小。由于浮动视口是 AutoCAD 对象，所以在图纸空间中排放布局时不能编辑模型，要编辑模型必须切换到模型空间。

激活布局中的某个浮动视口，就可以在浮动视口中处理模型空间对象。在模型空间中作的所有修改都将反映到图纸空间所有视口中。

使用浮动视口的好处之一是：可以在每个视口中选择性地冻结图层。冻结图层后，就可以查看每个浮动视口中的不同几何对象。通过在视口中平移和缩放，还可以指定显示不同的视图。

7.2.1　在布局中创建、删除、修改和调整浮动视口

在布局中，用户可通过单击视口工具栏的多视口图标▦，在系统弹出的视口对话框中创建一个或多个浮动视口，创建方法同在模型空间中创建平铺视口一样。但在创建浮动视口时，系统还要求通过指定矩形区域的两个对角点，来指定创建浮动视口的覆盖区域。

要删除浮动视口，可直接单击浮动视口边界，然后单击删除工具。

假定在模型空间已打开了在第 6 章创建的铰链图形文件，此时单击绘图窗口下方选项卡上的"布局 1"，在随后打开的页面设置对话框中经过适当的设置后，系统将创建类似图 7-6 所示的布局画面。

如果此时依据以下步骤进行操作，则可在图形空间创建四个浮动视口。

1) 单击浮动视口边界，然后单击删除工具删除浮动视口，结果见图 7-7。

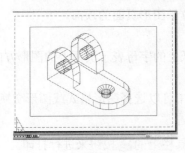

图 7-6

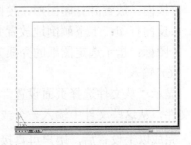

图 7-7　删除浮动视口

2) 单击视图工具栏的显示视图窗口图标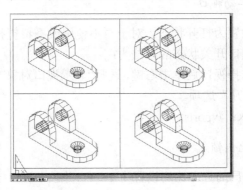，在系统打开的视口对话框中，在标准视口列表中选择"四个：相等"，单击［确定］。在系统要求指定视区对角点时敲回车，确认"布满"缺省值，结果如图 7-8 所示。

图 7-8　创建新的浮动视口

在图纸空间，视口也是图形对象，因此具有对象的特性，如颜色、图层、线型、线型比例、线宽和打印样式等。用户可以使用 AutoCAD 任何一个修改命令对视口进行操作，也可以利用视口的夹点和特性进行修改。

> 注释:
> 　　不能保存和命名在布局中创建的视口配置，但可以恢复在模型空间中保存的视口配置。

7.2.2　使用浮动视口

1. 通过视口访问模型空间

在布局中工作时，在图纸空间中添加注释或其他图形对象时，并不会影响模型空间或其他布局。若要在布局中编辑模型，则可使用如下办法在视口中访问模型空间：

1) 双击浮动视口内部。

2) 单击状态栏上的"图纸"按钮。

3) 在命令行输入：mspace（或别名 ms）。

从视口中进入模型空间后，可以对模型空间的图形进行操作。在浮动模型空间对图形所作的任何修改都会反映到图纸空间的所有视口以及平铺的视口中。

如果需要从浮动模型空间返回图纸空间，则可相应使用如下方法：

1) 在浮动视口以外的区域双击。

2) 单击状态栏上的"模型"按钮。

3) 在命令行输入：pspace（或别名 ps）。

2. 打开或关闭浮动视口

新视口的缺省设置为打开状态。对于暂不使用或不希望打印的视口，用户可以将其关闭。控制视口开关状态的方法为：

1) 快捷菜单：选择视口后单击右键，选择"显示视口对象"进行开和关的选择。

2) 特性窗口："开"选项。

3) 在命令行输入：-vports。

3. 控制视口的比例锁定

一般情况下，布局的打印比例设置为 1∶1，并且在视口中缩放图纸空间对象的同时，也将改变视口比例。如果将视口的比例锁定，则修改当前视口中的几何图形时将不会影响视口比例，此时大多数查看命令将无效。锁定视口比例的方法为：

1) 快捷菜单：选择视口后单击右键，选择"显示锁定"。

2) 特性窗口："显示锁定"选项。

3) 在命令行输入：-vports。

4. 消隐打印视口中的线条

如果图形中包括三维面、网格、拉伸对象、表面或实体，打印时可以让 AutoCAD 删除选定视口中的隐藏线。视口对象的"消隐出图"打印特性只影响打印输出，而不影响屏幕显示。

1) 快捷菜单：选择视口后单击右键，选择"消隐出图"。

2) 特性窗口："消隐出图"选项。

3) 在命令行输入：-vports。

5. 相对图纸空间比例缩放视图

在图纸空间的布局中工作时，标准比例因子代表显示在视口中的模型的实际尺寸与布局尺寸的比率，通常该比例为 1∶1，即模型在模型空间和图纸空间具有相同的尺寸。如果需要精确地比例缩放所打印的视图，则可改变该比例，具体方法为：

特性窗口："标准比例"选项

6. 在图纸空间比例缩放线型

在缺省情况下，布局中的视口显示线型时，即使在布局和浮动视口中按不同比例显示对象，它们具有相同的线型缩放比例，即线型的比例不受视口缩放比例的影响。

如果设置系统变量 PSLTSCALE 的值为 0，则视口的缩放比例改变后，其中所显示的线型也将随之发生变化。

7.3　对齐浮动视口中的图形

用户可以在图纸空间使用图形设置命令"mvsetup"来对齐两个浮动视口中的视图。可以采用角度、水平和垂直对齐方式，相对一个视口中指定的基点平移另一个视口中的视图，见图 7-9。

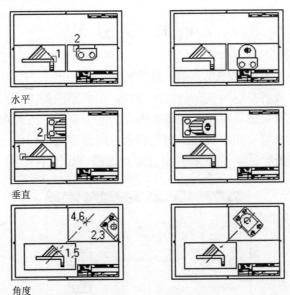

图 7-9　对齐浮动视口中的图形

该命令的调用方式为：

命令：mvsetup

如果在模型空间调用该命令，则系统提示：

是否启用图纸空间？[否(N)/是(Y)] <是>:

如果选择确认"是"或是直接在图纸空间调用该命令，则系统提示：

输入选项 [对齐(A)/创建(C)/缩放视口(S)/选项(O)/标题栏(T)/放弃(U)]:

1) 输入 A（对齐）。则系统提示：

输入选项 [角度(A)/水平(H)/垂直对齐(V)/旋转视图(R)/放弃(U)]:

2) 选择对齐方式之一（水平 H）。则系统提示：

指定基点:

指定基点:

指定视口中平移的目标点:

3) 确保视图中固定的视口为当前视口，然后指定基点。
4) 选择要重新对齐视图的视口，然后在该视图中指定对齐点。
5) 对于按角度对齐方式，指定从基点到第二个视口中对齐点的距离和位移角。

7.4 打 印 图 形

使用 AutoCAD 创建图形之后，通常要打印到图纸上。打印的图形可以是图形的单一视图，或者是更为复杂的视图排列。根据不同的需要，可以打印一个或多个视口，通过设置选项可决定打印的内容和图像在图纸上的布置。

用户可以在模型空间中或任一布局调用打印命令来打印图形，只要单击标准工具栏上的打印图标 ，系统将弹出打印对话框，如图 7-10 所示。

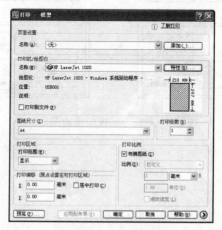

图 7-10   打印对话框

该对话框的内容与"7.1.2 布局设置"中的页面设置对话框类似。

7.5　电　子　打　印

AutoCAD 系统提供了电子打印（ePlot）功能，可通过电子打印向 Internet 上发布电子图形。

使用电子打印，可以按 Web 图形格式生成电子图形文件(DWF)，可创建虚拟的电子打印，也可使用现有的电子打印查看 DWF 配置文件。

7.5.1　DWF 文件简介

为了能够在 Internet 上显示 AutoCAD 图形，Autodesk 采用了一种称为 DWF（Drawing Web Format）的新文件格式。它是专门为共享工程设计数据而设计，是一种安全的开放式文件格式。DWF 文件格式支持图层、超级链接、背景颜色、距离测量、线宽、比例等图形特性。用户可以在不损失原始图形文件数据特性的前提下通过 DWF 文件格式共享其数据和文件。

DWF 文件与 DWG 文件相比，具有如下优点：

1) DWF 文件可以被压缩。它的大小比原来的 DWG 图形文件小 8 倍。

2) DWF 在网络上传输较快。

3) DWF 格式更为安全。由于不显示原来的图形，其他用户无法更改原来的 DWG 文件。

用户可以在 AutoCAD 中创建 DWF 文件，并将其在 World Wide Web 服务器或局域网上发布。访问者可以通过 Web 浏览器对 DWF 文件进行查看和下载。

7.5.2　使用 ePlot 创建 DWF 文件

AutoCAD 系统提供一种称为 ePlot（Electronic Plotting，电子格式输出）的方法来打印输出 DWF 格式的图形文件。调用该命令的方式如下：

单击标准工具栏的打印图标，系统将弹出打印对话框，如图 7-11 所示。

图 7-11　输出 DWF 文件

在"打印机配置"区域中的"名称"下拉列表中选择"DWF6 ePlot.pc3"项。该配置文件即用于 DWF 文件的打印输出，且对打印进行优化。

选择 ePlot 的打印配置文件后，"打印到文件"项自动选中。用户可以在文件名称文本框中指定 DWF 文件的名称，并在位置框指定保存 DWF 文件的位置。

单击［确定］按钮即可完成 DWF 文件的创建。

7.5.3 设置 DWF 文件特性

在创建 DWF 文件时，用户可以在 ePlot 打印配置文件中设置 DWF 文件的特性。在打印对话框中，选择"DWF6 ePlot.pc3"项后，可单击［特性…］按钮，系统弹出打印机配置编辑器对话框，如图 7-12 所示。

在该对话框中选择"设备和文档设置"选项卡，并选中栏中的"自定义特性"项，这时，树状图中选自定义特性，然后在选项卡下部的提示栏中显示一个［自定义特性…］按钮。单击该按钮弹出 DWF 特性对话框，如图 7-13 所示。

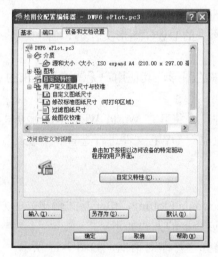
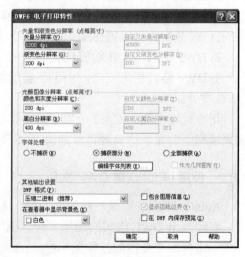

图 7-12 打印机配置编辑器对话框   图 7-13 DWF 特性对话框

在该对话框中，可对 DWF 文件的特性进行如下设置：

1) 分辨率：与基于实数的 DWG 文件不同，DWF 文件使用整数存储。为 DWF 文件设置较低的分辨率可大大减少文件的大小，从而能够以更快的速度在 Internet 上传输。

2) 光栅图像分辨率：以 dpi 为单位指定 DWF 文件中的光栅图像的分辨率。设置的分辨率越高，文件越精确，但文件大小也会越大。

3) 字体处理：指定 DWF 文件中包含的字体及其处理方法。

4) 在查看器中显示背景颜色：用户可以选择颜色下拉框中的任何一种颜色，

或者选择图形文件的背景颜色，作为 DWF 文件的背景颜色。

5) 包含图层信息：用户在浏览器中浏览 DWF 文件时可以切换图层。

6) 显示纸张边界：显示包含图形范围的矩形边界。

7) 在 DWF 中保存预览：指定 DWF 文件的预览将保存在 DWF 文件中。

7.5.4　查看 DWF 文件

在 AutoCAD 中不能浏览 DWF 文件。

可以在 Microsoft Internet Explorer 5.01 或更高版本中查看 DWF 文件。

Autodesk 公司提供了 DWF 插件 WHIP!（Windows High Performance），安装有这种插件的网络浏览器可以浏览 DWF 文件。

Autodesk 公司推出的 Autodesk DWF Viewe 应用程序，具有 Windows 应用程序的所有常用操作，使用 Autodesk DWF Viewe，用户可以轻松地加载、查看、浏览和打印 DWF 文件。

WHIP!和 Autodesk DWF Viewe 都可从 Autodesk 网站免费下载。

DWF 插件 WHIP!的主要功能有：

1) 在浏览器中浏览 DWF 文件。

2) 可使用实时平移和缩放功能。

3) 使用嵌入的超级链接显示其他文档和文件。

4) 可以单独打印 DWF 文件，或者和整个网页一起打印。

5) 将 DWG 文件从网站"拖放"到 AutoCAD 中作为一个新的图形或者块。

6) 查看存储在 DWF 文件中的已命名的视图。

7) 在图层之间进行切换。

Autodesk DWF Viewe 较 WHIP!的新增功能有：

1. 获取复杂设计数据

1) 生动的装配指导和复杂设计的分解视图，极大地简化了后继者的工作。设计者可以打印技术文档。由于 DWF 格式的装配指导包含了简单的浏览，能有助于更有效地生产和支持团队装配、维护和维修。

2) 可查看材料清单，通过加入对设计图纸的安全浏览，增强了与供应商和其他部门的交流功能。

3) 交互式的全 3D 模型分解和复原功能有助于团队成员更快速更有效地回顾设计。

2. 准确而灵活的打印

1) 可以打印多重 DWF 文件，用户自定义打印设置并可保存打印设置。

2) 可以以黑白或灰度方式查看或打印 DWF 文件。

7.6　由三维模型生成二维图形

先进的设计理念是先设计零件的三维模型，然后根据零件的三维模型直接生成零件的主视图、俯视图或其他平面视图。这比单独绘制模型对象的各个投影视图要方便得多。

若要在输出图形时能同时输出模型的多种视图，必须进入图纸空间，然后在图纸空间打开多个浮动视口。从浮动视口进入浮动模型空间，调整各浮动视口中的视图。最后，再次转入图纸空间对图形作必要的标注和注释后输出图形。

7.6.1　由三维模型生成简单的多视图图形

本节将介绍一个由三维模型生成简单二维图形的例子，即根据在第 6 章创建的铰链模型，生成该零件的三视图。学习本例时，应特别注意理解模型空间、图纸空间和浮动模型空间的意义，应树立良好的空间思维方式。

step1. 打开图形文件"铰链.dwg"

step2. 进入布局

单击绘图窗口下的"布局 1"标签，系统打开页面设置对话框，单击［确定］。系统默认为单一视口，见图 7-14。

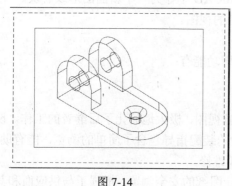

图 7-14

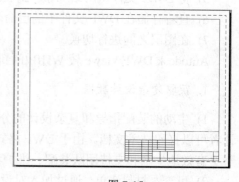

图 7-15

step3. 插入标题块（图 7-15）

1）单击浮动视口边框，单击修改工具栏的删除工具，删除该浮动视口。

2）单击绘图工具栏的插入块图标，单击［浏览…］，选取自定义的标题块或由 AutoCAD 提供的标题块"AutoCAD 2006\Template\JIS A4 title block (landscape)"，插入到图纸中。

3) 单击修改工具栏的分解图标，先分解标题块，然后对标题块作必要的编辑，删除标题块中不需要的内容。

step4. 建立四个浮动视口，并在各个视口显示不同的视图（图 7-16）

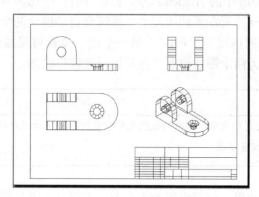

图 7-16

1) 单击特性工具栏的图层图标，新建一个"浮动视口"图层。

2) 将 0 层设为当前层，单击视口工具栏的显示视口对话框图标，系统打开视口对话框，在新建视口标签页的标准视口列表中，选"四个：相等"，单击 [确定]。在布局页面上单击两点指定视口覆盖区域。

3) 激活左上角视口，单击视图工具栏的主视图图标。

4) 调用缩放命令，调整浮动视口中视图的大小。其操作过程与系统提示如下：

命令：<u>zoom↙</u>

指定窗口角点，输入比例因子 (nX 或 nXP)，或

[全部(A)/中心点(C)/动态(D)/范围(E)/上一个(P)/比例(S)/窗口(W)] <实时>：<u>1xp↙</u>

5) 激活左下角视口，单击俯视图图标，调用缩放命令并输入 "1XP"。

6) 激活右上角视口，单击左视图图标，调用缩放命令并输入 "1XP"。

step5. 将浮动视口边框移至浮动视口图层，并关闭"浮动视口"图层

step6. 打印预览

单击标准工具栏的打印图标，系统弹出打印对话框，单击 [预览...]，预览结果如图 7-16 所示。

7.6.2　由三维模型生成完美的机械图图形

机械图上零件的可见交线或轮廓线的投影应画成粗实线，不可见交线或轮廓线的投影应画成虚线。

　　在图纸空间，对不同的浮动视口可指定不同的视图方向，以便从各个不同的角度来观察三维物体。而 AutoCAD 提供的实体工具栏上的设置轮廓图标█，可在浮动视口中自动生成立体的指定方向的视图，并且只要用户已载入了 AutoCAD 的线型文件 acadiso.lin 中的 Hidden 线型，该命令有一个选项可自动地把视图中的隐藏线和可见线分开放置在不同图层上。系统会自动建立两个图层，一个用于放置隐藏线，图层名的前缀为 "PH-"，另一个用于放置可见线，图层名的前缀为 "PV-"，系统自动为两个图层设置 "在新视口冻结" 状态。

> 注释:
> 　　由设置轮廓命令创建的视图既和当前所用的浮动视口有关，又和当前的 UCS 有关。

　　现接着上题的结果，使用设置轮廓命令，按照以下操作步骤，逐步绘制出一张完美的零件图。

step1. 载入 hidden 线型

　　选择对象特性工具栏上线型控件列表的 "其他…" 选项，系统打开线型管理器对话框，设置全局比例因子为 0.3。单击 [加载…]，载入 "acadiso.lin" 的全部线型。

step2. 由三维模型向正面投影得主视图（图 7-17）

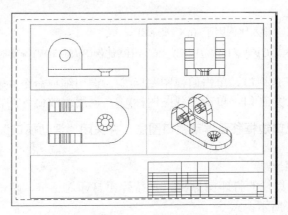

图 7-17　生成主视图

1) 激活左上角浮动视口，当前视口显示的图形为主视图。
2) 单击实体工具栏上的设置轮廓图标█，系统提示：

命令：_solprof

选择对象：拾取铰链。

选择对象：↙

是否在单独的图层中显示隐藏的轮廓线？[是(Y)/否(N)] <是>：y↙

是否将轮廓线投影到平面？[是(Y)/否(N)] <是>：　y↙

是否删除相切的边？[是(Y)/否(N)] <是>：y↙

3) 在当前视口冻结铰链插入层（本例为 0 层），结果见图 7-17。

step3. 由三维模型向水平面投影得俯视图（图 7-18）

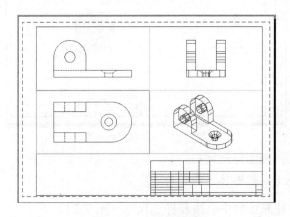

图 7-18　生成俯视图

1) 激活左下角浮动视口，当前视口显示的图形为俯视图。

2) 调用设置轮廓命令，生成俯视图。

3) 在当前视口冻结铰链插入层（本例为 0 层），结果见图 7-18。

step4. 由三维模型向侧平面投影得左视图（图 7-19）

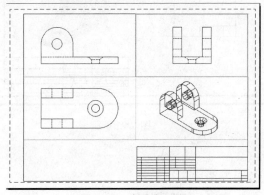

图 7-19　生成左视图

1) 激活右上角浮动视口，当前视口显示的图形为左视图。
2) 调用设置轮廓命令，生成左视图。
3) 在当前视口冻结视口插入层（本例为 0 层），结果见图 7-19。

step5. 对等轴侧图进行体着色（图 7-20）

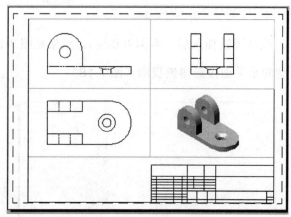

图 7-20　着色等轴侧图

1) 激活等轴侧视图浮动视口。
2) 单击着色工具栏的体着色图标●。

step6. 在布局中补充绘制中心线和标注尺寸（图 7-21）

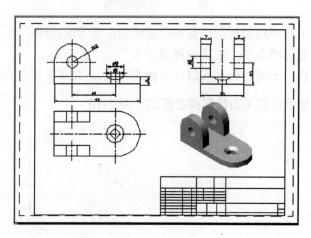

图 7-21

1) 返回图纸空间。
2) 关闭"浮动视口"图层。
3) 新建"中心线"和"尺寸"图层。

4) 打开"极轴"、"对象捕捉"、"对象追踪"模式，在相应的图层上绘制视图的中心线、对称线和标注尺寸。

step7. 使用 ePlot 创建 DWF 文件

单击标准工具栏的打印图标，在系统弹出打印对话框中，单击打印设备选项卡，在打印机配置下拉列表中，选择"DWF ePlot（optimized for plotting）.pc3"项，输入 DWF 文件的文件名并指定保存 DWF 文件的位置。

上 机 练 习

1. 根据在第 6 章创建的支座零件直接生成支座的零件图，见图 7-22。

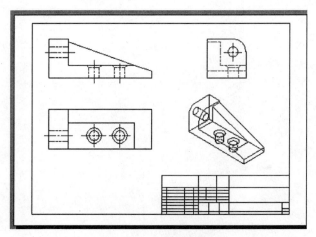

图 7-22　支座的零件图

2. 根据在第 6 章创建的钳座零件（见图 6-54）直接生成钳座的零件图。

附录　AutoCAD 2006 上机练习成绩统计表

学号 _____ 姓名_____ 成绩_____

上机练习			成 绩	备 注	老师签名
章	内　容	页码			
1	创建 A3 样板图（水平放置）	24	□优 □良 □中 □差		
2	创建 A4 样板图（水平放置）	83	□优 □良 □中 □差		
	绘制禁止停车标志	86	□优 □良 □中 □差		
	绘制挂轮架图形	87	□优 □良 □中 □差		
	绘制扳手图形	94	□优 □良 □中 □差		
	绘制花键槽板图形	98	□优 □良 □中 □差		
3	绘制带槽导向板草图	115	□优 □良 □中 □差		
	绘制托架的等轴测图	118	□优 □良 □中 □差		
	图案设计	123	□优 □良 □中 □差		
	绘制轴承座的三视图和等轴测图	126	□优 □良 □中 □差		
4	绘制主动轴零件图	158	□优 □良 □中 □差		
	绘制端盖零件图	170	□优 □良 □中 □差		
	绘制接线匣零件图	173	□优 □良 □中 □差		
	绘制齿轮零件图	174	□优 □良 □中 □差		
5	绘制压板装配图	202	□优 □良 □中 □差		
6	支座零件的建模	235	□优 □良 □中 □差		
	铰链零件的建模	241	□优 □良 □中 □差		
	钳座零件的建模	245	□优 □良 □中 □差		
7	支座零件的多视图输出	271	□优 □良 □中 □差		
	钳座零件的多视图输出	271	□优 □良 □中 □差		